Negacionismo
& desafios da ciência

Carlos Orsi

NEGACIONISMO
& desafios da ciência

cultura

ISBN: 978-65-5748-030-4

EDITORA DE CULTURA
Rua Baceúnas, 180
CEP 03127-060 – São Paulo – SP – Brasil
Fone: 55 (11) 2894-5100
atendimento@editoradecultura.com.br
www.editoradecultura.com.br

Primeira edição: Junho de 2022
Impressão: 5ª 4ª 3ª 2ª 1ª
Ano: 26 25 24 23 22

CIP-BRASIL. CATALOGAÇÃO NA PUBLICAÇÃO
SINDICATO NACIONAL DOS EDITORES DE LIVROS, RJ
Meri Gleice Rodrigues de Souza – CRB-7/6439

O85n

Orsi, Carlos, 1971-

Negacionismo & desafios da ciência / Carlos Orsi. - 1. ed. - São Paulo : Editora de Cultura, 2022.

112 p. ; 18 cm. (Inquietações contemporâneas)

ISBN 978-65-5748-030-4

1. Ciência - Negacionismo. 2. Ciência - Pesquisa. 3. Ciência - Metodologia. I. Título. II. Série.

22-77138 CDD: 616.2414072

CDU: 001.8:(616.98:578.834)

Sumário

É difícil conseguir que
um homem entenda algo
quando o salário dele
depende de não entender!

Upton Sinclair (EUA, 1878-1968)
Romancista e político

Primeiras palavras

O início da segunda década deste século 21 foi marcado pela primeira crise global de saúde pública desde a pandemia de gripe que assolou o planeta entre 1918 e 1919. A Gripe Espanhola, como se tornou conhecida – por acidente histórico, pois a doença não surgiu na Espanha e nem se espalhou a partir de lá –, contaminou cerca de meio bilhão de pessoas, ou um terço da população humana da época, e matou um total estimado em 50 milhões.

A pandemia do século atual, causada pelo vírus SARS-CoV-2, ou coronavírus da síndrome respiratória aguda grave 2, veio acompanhada por outro fenômeno. Este, de natureza mais cultural do que biológica, foi diagnosticado pela Organização Mundial da Saúde (OMS) e designado como "infodemia" – a disseminação de informações falsas, mentiras e distorções a respeito da doença em velocidade ainda maior do que a de contaminação do próprio vírus. Uma das faces mais notáveis dessa infodemia foi (e ainda é) o negacionismo, a recusa a aceitar a realidade e as implicações de fatos muitas vezes claros e evidentes, como o de que o Sol nasce a leste.

No entanto, esse fenômeno – a recusa a reconhecer verdades gritantes, que nos olham na cara, e, também, de levar a sério as melhores conclusões oferecidas pela ciência – não surgiu com a pandemia. Como veremos, a palavra "negacionismo" ganhou circulação ampla depois de adotada para cobrir um tipo muito específico de negação: a de fatos históricos da Segunda Guerra Mundial. Contudo, o comportamento e a atitude mental que ela descreve existem desde que o ser humano evoluiu o suficiente para considerar fatos, tirar conclusões – e não gostar das conclusões trazidas pelos fatos.

A percepção súbita do perigo inerente a essa atitude, evidenciado quando políticas públicas negacionistas ampliaram de modo dramático o número de mortes e intensificaram desnecessariamente os sofrimentos trazidos pela pandemia, fez a palavra circular como nunca antes e, como efeito colateral, causou seu inevitável desgaste. Este problema – a desvalorização e a relativização de um termo por seu uso excessivo no debate público – não é novo. E um dos melhores exemplos disso diz respeito a um vocábulo hoje também muito associado à palavra "negacionismo": "pseudociência".

No início da década de 80 do século passado, o filósofo americano Larry Laudan publicou um influente artigo com o título “A morte do problema da demarcação” (“*The Demise of the Demarcation Problem*”, 1983). Laudan referia-se ao projeto de estabelecer normas capazes de distinguir a “ciência legítima” daquela de seus impostores e imitadores, que pertenceriam à categoria da“pseudociência”. A busca de tais critérios constitui o “problema da demarcação”, um quebra-cabeças que a filosofia vinha tentando resolver há décadas, sem que nenhuma proposta realmente satisfatória jamais houvesse sido apresentada (embora algumas ideias interessantes tenham aparecido pelo caminho).

Para o americano, era hora de reconhecer o fracasso, mesmo admitindo que, sim, existe ciência legítima e de boa qualidade e também ciência ruim, malfeita. E havendo ainda coisas que tentam se passar por ciência, mas não merecem tal nome, a distinção entre umas e outras deveria ser realizada caso a caso, cada proposta argumentada individualmente, sem a pretensão de ver surgirem regras universais capazes de resolver de vez a questão.

Crucialmente, Laudan sugeria que a palavra “pseudociência” deveria ser abandonada, pois teria se reduzido a um mero pejorativo: um termo usado para xingar “a ciência dos outros”. O processo pelo qual um termo técnico é reduzido a xingamento vazio não é incomum. Se “pseudociência” pode ser usada para xingar “a ciência dos outros”, a palavra “fascista” (ou **"fascismo"**) 🔗 ▼ é muitas vezes mobilizada na tentativa de desqualificar "a política dos outros".

> 🔗 FASCISMO
>
> **Movimento político e filosófico ou regime (como o estabelecido por Benito Mussolini na Itália, em 1922), que faz prevalecer os conceitos de nação e raça sobre os valores individuais e que é representado por um governo autocrático, centralizado na figura de um ditador.**

Comparada a "pseudociência" ou a "fascismo", "negacionista" (e "negacionismo") é um vocábulo de uso recente; e, no entanto, já parece ter passado pelo mesmo processo degenerativo que acometeu seus irmãos mais velhos. Hoje em dia, "negacionista" pode ser qualquer um que discorde de mim (ou de você, ou de qualquer outra pessoa). Isso é um problema.

Mas o fato de uma palavra ser mal utilizada não impede que também seja utilizada de forma correta – significados precisos não deixam de existir apenas porque parecem ser ignorados nas formas mais populares de discurso. O fato de nem toda atitude política que parece desagradável a alguém merecer o epíteto de "fascista" não significa que não existam atitudes objetivamente classificáveis como "fascistas".

No caso de “pseudociência”, filósofos contemporâneos de Laudan, e outros que vieram depois, levaram em consideração boa parte de suas críticas à forma como o problema da demarcação vinha sendo tratado. Mas muitos deles continuaram a considerar a palavra “pseudociência” útil e a aplicá-la nos contextos que viam como adequados. Isso também vale para “negacionismo”. Assim, convém analisar em detalhe a palavra e o conceito que expressa, suas origens e em que situações se aplica.

De forma bem crua, “negacionismo” é a recusa sistemática a aceitar a realidade que se apresenta diante de nossos olhos. Na atualidade, principalmente, refere-se à realidade tal como descrita pela ciência e, nesse caso, configura um tipo de pseudociência, como aponta o filósofo sueco Sven Hansson, em trabalho publicado em 2017 (ver “Saber mais”).

Negacionistas, de um modo ou de outro, sempre existiram. Mas, num mundo como o contemporâneo, em que as estruturas e as redes de que dependemos para sobreviver, tanto individualmente quanto como espécie – sistemas climáticos, ecológicos, alimentares, sociais, tecnológicos – estão altamente interconectadas, a recusa a encarar fatos e a levar a ciência em consideração na tomada de decisões de alta repercussão tem um potencial catastrófico inédito na história. Negacionistas no lugar errado, na hora errada, podem causar a morte de milhares ou milhões. Como estão causando.

1
A negação

Algumas pessoas, quando recebem uma notícia muito ruim – a morte de um ente querido, o fracasso de um projeto profissional ou de um investimento importante –, simplesmente se recusam a aceitar o fato: tentam tocar a vida como se o desastre nunca tivesse acontecido; inventam desculpas (para si mesmas e para os outros) a fim de cobrir as contradições mais salientes entre percepção, comportamento e realidade. Hipocrisia, mentira e ilusão sincera logo se misturam e se confundem.

É comum dizer que pessoas assim encontram-se "*em negação*", ou "*em estado de negação*". A negação já foi vista por alguns psicólogos como uma fase mais ou menos universal tanto do processo de morrer – quando a pessoa recebe a notícia de que se encontra em estágio terminal – quanto do luto, vivido pelos entes queridos daquele que parte. Hoje, a ideia de que existiriam fases universais e previsíveis nesses processos já não é bem aceita pelos especialistas, mas a negação ainda é reconhecida como estratégia possível e, até certo ponto, comum, de quem lida com o que lhe parece inaceitável.

Tendo um pouco de empatia, não é difícil enxergar os motivos por trás desse modo de administrar o sofrimento: ele permite, ainda que por tempo limitado, isolar e afastar a dor causada pelo fato bruto.

A criadora da hipótese dos estágios do sofrimento, a psiquiatra Elisabeth Kübler-Ross (1926-2004), aponta, em seu último livro, *On Grief and Grieving* ("Sobre o sofrimento e o sofrer"), escrito em parceria com o consultor David Kessler, que a negação, como resposta estritamente emocional, pode ser útil e saudável. Ela relata, por exemplo, o caso de uma mulher que, por algum tempo após a morte do marido, continuava a ter a impressão de que, a qualquer momento, ele voltaria para casa. Essa mulher sabia da morte e havia cumprido todas as responsabilidades imediatas da viuvez – organizar o funeral, por exemplo –, mas a **convicção emocional** ▶ da partida do parceiro demorou a chegar, o que, segundo a psiquiatra, provavelmente foi bom para ela. Nesse caso, a negação se restringiu a um plano que poderíamos chamar de sentimental ou intuitivo, sem afetar comportamentos ou o uso imediato da razão.

CONVICÇÃO EMOCIONAL

Por convicção entende-se o grau de certeza em relação a um objetivo. É importante entender que a convicção, enquanto certeza, pode variar o nível de profundidade, uma vez que o ser humano é imperfeito, não possuindo o atributo da onisciência. De forma geral, o aspecto racional da convicção é mais fácil de ser avaliado, gerando uma confiança intelectual que aproxima do grau de certeza na perspectiva humana, mas a convicção não se torna completa sem a participação e cooperação do aspecto emocional. O aspecto emocional da convicção é muito mais complexo, porque implica um nível de confiança mais profundo, sendo estabelecido através do sentimento.

Mas nem toda negação se restringe a esse caráter intuitivo-emocional ou preserva o senso de responsabilidade e a capacidade de agir racionalmente diante dos fatos. Há quem use a negação não só para evitar o impacto direto de toda a carga de sofrimento que a má notícia traz, mas também para fugir de suas consequências. Se a pessoa amada não faleceu, então, ainda vamos nos reencontrar, e nenhum funeral é necessário; se não perdi o emprego, então, posso continuar usando o cartão de crédito como antes... Nesse caso, a negação deixa de ser um mecanismo para suavizar o golpe da realidade e assume características patológicas, convertendo-se em muleta ou, pior, em salvo-conduto para a irresponsabilidade. Negar um fato ruim, afinal, não é apenas tentar escapar da dor que ele traz, mas também das obrigações e eventuais penalidades que ele produz. Se o investimento vai muito bem, os credores não têm do que reclamar. Se eu não estava bêbado naquela noite, então, o atropelamento não foi culpa minha.

O tema deste livro, *negacionismo*, diz respeito a um processo de negação patológica, que se dá não mais em escala individual, mas coletiva, social ou, mesmo, global.

Os motivos fundamentais por trás do negacionismo que afeta grupos e ideologias não são muito diferentes dos que despertam o mecanismo de negação no ser humano individual – desejo de escapar de certos fatos e de suas consequências. É uma fuga que tem como objeto não só o significado e o impacto emocional do fato e de suas consequências, mas (principalmente quando interesses políticos e econômicos estão envolvidos), das responsabilidades e penalidades que tais consequências implicam. Como todo fenômeno coletivo, o negacionismo tem complexidades e desdobramentos que transcendem, em muito, os efeitos isolados da negação individual.

Uma crença negacionista que seja compartilhada, digamos, por mil pessoas terá consequências – afetará famílias, plataformas políticas, a mídia, a academia, o próprio conteúdo do debate público democrático – muito maiores e mais complexas do que a mera soma de mil estados de negação separados e sem relação entre si.

Como o negacionismo tende a se espalhar em comunidades formadas por gente que pensa de modo semelhante e se mantém em contato frequente (o que, nestes tempos de redes sociais, chamamos de pessoas que integram "as mesmas bolhas"), os envolvidos não têm dificuldade para encontrar reforço e validação externa, algo de que o indivíduo em negação geralmente necessita e precisa lutar muito para conseguir. Trata-se de alguém que sinceramente compartilhe e aceite sua fantasia, que lhe garanta que sua interpretação esdrúxula da realidade não é só "coisa de sua cabeça", mas tem realidade objetiva. Afinal, se só eu estou vendo o elefante cor-de-rosa, posso estar louco. Agora, se meus parentes e amigos também veem...

No caso de uma bolha, não sou só eu quem está negando os fatos, são também meus amigos próximos, ou talvez meus colegas da igreja, da firma, do partido político, da ideologia; até alguns membros da minha própria família. São pessoas nas quais confio e que aprendi a respeitar e a levar a sério. Como poderiam estar erradas?

A necessidade de reforço externo pode levar grupos negacionistas a adotar um perfil "evangelizador", isto é, missionário, no sentido de buscar ativamente atrair mais e mais membros para a comunidade. No mundo *online*, isso se traduz num ativismo frenético por meio de redes sociais e aplicativos de mensagem.

A ligação forte entre negacionismo e **proselitismo** 🔗 ▼ foi notada na década de 1950, quando psicólogos nos Estados Unidos descreveram pela primeira vez o fenômeno da "dissonância cognitiva" – o desconforto, ou sofrimento, que acomete quem vê suas crenças desmentidas pelos fatos. O estudo original, lançador da teoria da dissonância cognitiva, acompanhou uma seita que esperava para breve o fim do mundo – havia uma data marcada – e o resgate dos fiéis, por um disco voador, aconteceria na noite da véspera do apocalipse.

> 🔗 PROSELITISMO
>
> **Ação ou empenho de tentar converter uma ou várias pessoas para determinada causa, doutrina, ideologia ou religião.**

Quando o disco voador não veio e o mundo não acabou, muitos fiéis abandonaram a seita, mas outros não só se fanatizaram ainda mais como passaram a recrutar novos membros. Se até então o grupo vinha se mantendo orgulhosamente fechado – uma pequena elite de pessoas especiais, os "escolhidos" –, agora, a tendência se invertia: era preciso alcançar as massas, levar a palavra adiante, fazer convertidos.

Os pesquisadores Leon Festinger (1919-1989), Henry W. Riecken (1917-2012) e Stanley Schachter (1922-1997), autores do estudo sobre esse grupo, levantaram a hipótese de que a desconfirmação radical dos dogmas e das profecias acalentados por tanto tempo, e com tanto investimento pessoal, emocional e até financeiro (houve quem tivesse se desfeito dos bens materiais na preparação para deixar a Terra), produzira uma necessidade imperativa de ampliar o círculo dos fiéis, de modo que a fé nova em folha dos recém-convertidos reforçasse a crença dos veteranos.

Pertencer a uma comunidade vibrante, que se agarra às mesmas crenças, torna mais fácil sustentar a negação, e também muito mais difícil abandoná-la. Sair da bolha traz o risco de perder amizades, amor, trabalho, apoio. Um exemplo comumente usado por psicólogos é o da "crença no criacionismo" do tipo

"Terra jovem" – de que o mundo foi criado literalmente em seis dias, há menos de dez mil anos. Os indivíduos desse grupo, que reúne cristãos fundamentalistas, estão comprometidos com a ideia de que a Bíblia representa a verdade literal, não apenas em termos morais ou religiosos, mas também históricos e científicos.

Se a pessoa vê esse tipo de cristianismo como parte essencial de sua identidade, é impossível abandonar a ideia da criação em seis dias, de que Adão e Eva foram concebidos de modo separado do restante da natureza, de que Eva conversou com uma serpente etc. Então, aceitar as evidências (contundentes, inegáveis) de que a vida na Terra evoluiu ao longo de bilhões de anos, e de que a espécie humana compartilha ancestrais comuns com todas as demais espécies é, de certo modo, deixar de ser ela mesma. Mais do que isso: é correr o risco de se ver alienada da comunidade em que vive e circula, de perder acesso aos bens e serviços – tanto no sentido econômico quanto emocional e psicológico – que aquele grupo oferece a quem dele faz parte.

Comunidades que se tornam presas de fanatismo político ou religioso, principalmente quando dominadas por um líder forte e carismático, são terreno fértil para o desenvolvimento e a manutenção de crenças negacionistas – pode-se até argumentar que o negacionismo é uma condição necessária para a manutenção desse tipo de comunidade.

O psiquiatra americano Robert Jay Lifton, que há décadas estuda os modos como regimes políticos opressores e certas seitas religiosas tentam produzir em seus integrantes uma "reforma de pensamento" (o que, em termos menos precisos e mais sensacionalistas, seria chamado de "lavagem cerebral"), define os líderes desses coletivos como "predadores mentais". São indivíduos que buscam ser "donos da realidade", impondo suas versões dos fatos aos seguidores/correligionários.

Em seu livro de 2019 *Losing Reality* ("Perdendo a realidade", literalmente), Lifton aponta que a realidade é formada por duas dimensões, por ele denominadas de "construída" e "factual". A "construída" depende de nossos pressupostos filosóficos, preferências e interpretações, e está presa a pontos de vista particulares: é disputada no debate público. Já a "factual", dada pelos fatos, como o nome diz, é compartilhada por (quase) todos, constituindo o leito rochoso, a base sobre a qual se constrói o debate público. Esta segunda realidade, mais fundamental, segue uma linha de consistência mantida pelo respeito à lógica e à evidência empírica.

Descolamentos radicais da realidade factual, escreve Lifton, costumam ser associados a estados psicóticos, alucinações ou paranoia. Mas "a realidade factual pode ser ignorada ou contestada por pessoas que talvez não sejam psicóticas, mas que agem assim como parte de uma narrativa sectária de realidade dominada" – isto é, convertida em "propriedade pessoal" do líder ou guru.

O jornalista chinês Yang Jisheng, que viu o pai morrer – literalmente – de fome em consequência da desastrosa política econômica do **Grande Salto Adiante** 🔗 ▶, imposta à China por Mao Zedong (1893-1976), escreve no livro *Tombstone* ("Lápide"):

> "Sofri profundamente pela morte de meu pai, mas jamais me ocorreu culpar o governo. Não tinha nenhuma dúvida a respeito da propaganda do partido sobre as conquistas do 'Grande Salto Adiante' (...). Comparada ao advento da grande sociedade comunista, o que representavam os míseros problemas da minha família?"

Esses exemplos extremos – seitas, regimes totalitários – são importantes, porque marcam o grau de radicalidade e penetração (social, psicológica ou ambas) que o negacionismo pode alcançar. Contudo, não devem nos distrair do fato de que as técnicas e estratégias da negação atuam de modo muito eficiente também na sociedade "normal", nas democracias e dentro de grupos que, segundo a realidade "construída" – para seguir a terminologia de Lifton –, compartilhada pela maioria de nós, não seriam considerados fanáticos ou extremistas. Por exemplo, poucas pessoas talvez concordem em qualificar como "seita" ou "movimento totalitário" o agronegócio/ruralista brasileiro, no qual campeia a negação da mudança climática e da destruição de biomas nacionais, como o Cerrado e a Floresta Amazônica.

> GRANDE SALTO ADIANTE
>
> **Campanha lançada por Mao Tsé-Tung (Zedong) entre 1958 e 1960, para tornar a República Popular da China uma nação desenvolvida e socialmente igualitária em tempo recorde, acelerando a coletivização do campo, através de uma Reforma Agrária forçada, e a industrialização urbana. No entanto, é considerada responsável pela Grande Fome Chinesa. Os historiadores atestam que o Grande Salto Adiante resultou em dezenas de milhões de mortes. Uma estimativa conservadora é de 18 milhões de mortes; porém, outros estudos sugerem que o número de mortos foi mais próximo de 55,6 milhões.**

Além disso, é preciso não perder de vista que as sementes psicológicas do negacionismo estão presentes em todos nós. Há tempos que a psicologia reconhece e cataloga nossos vieses cognitivos – filtros que distorcem a forma como absorvemos e tratamos as evidências que o mundo nos traz, o que nos permite construir, em nossas cabeças, uma versão da realidade mais confortável do que ela de fato é.

O mais potente desses vieses é o de confirmação, que funciona de duas maneiras:

- primeiro, fazendo-nos considerar mais importantes e confiáveis as evidências que confirmam nossas crenças e preconceitos. Por exemplo: um fã de astrologia e horóscopos tratará previsões astrológicas que dão certo como sinais claros de que a arte funciona, e as que falham serão descartadas com um dar de ombros e um comentário do tipo "ninguém é perfeito".
- o segundo se manifesta-se na tendência de, ao testar uma ideia, buscar apenas evidências que possam confirmá-la. Assim, quando queremos (por exemplo) verificar se é verdade que canja de galinha cura resfriado, a inclinação natural é sair contando o número de pessoas que se recuperaram depois de tomar a sopa – e achar que não é importante ver quantas pessoas se recuperaram sem nunca ter provado do caldo, ou quantas pioraram depois de um prato de canja.

Essa cegueira seletiva para exemplos negativos reduz em muito nossa capacidade de estabelecer relações válidas de causa e efeito.

E a cegueira seletiva encontra-se por todos os lados. Um empresário ou político que lança um novo plano ou projeto vai, instintivamente, ver cada sinal de melhora que se seguir à implementação da ideia uma "prova" de que ela estava certa, e fará todo o possível para ignorar – ou descontar, inventando desculpas – tudo o que der errado.

O negacionismo vai um passo além: ele não só varre a evidência negativa para debaixo do tapete, mas insiste em fingir que ela não existe, mesmo quando o tapete rasga e explode o escondido em sua cara.

Ignorar evidência negativa é uma tentação presente em todos nós, e isso representa um enorme problema – tanto que o método científico já foi descrito como "o conjunto de técnicas para tentar escapar do viés de confirmação". O negacionismo, ao contrário, reforça, reafirma e consolida essa faceta pouco lisonjeira da natureza humana. Nesse aspecto, é, como proposta e atitude, o oposto exato da Ciência com letra maiúscula.

O efeito de crenças preexistentes e de afinidades culturais ou políticas sobre a capacidade humana de tirar conclusões corretas pode ser especialmente insidioso. Em 2017, um grupo de psicólogos liderado pelo americano Dan M. Kahan publicou os resultados de uma série de experimentos em que se pedia a voluntários que interpretassem corretamente tabelas com dados estatísticos sobre o impacto do porte de armas na segurança pública. Permitir que cidadãos comuns andem armados aumentaria ou reduziria a violência?

Entre os voluntários, havia pessoas com opiniões prévias conhecidas e alinhadas mais à esquerda ou à direita no espectro político. As tabelas (todas com dados inventados pelos pesquisadores) haviam sido organizadas de tal forma que algumas pareciam, superficialmente, sugerir que o armamento reduz a violência – mas que, na interpretação correta dos números, indicavam o contrário – e outras com características opostas: uma leitura superficial sugeria que o armamento aumenta a violência, mas a leitura correta, mais sofisticada e trabalhosa, demonstrava o inverso.

O estudo apontou, entre os voluntários mais à esquerda, tendência a aceitar, sem questionamentos, a leitura superficial das tabelas, que, enganosamente, davam a impressão de que as armas eram ruins. Mas, entre os voluntários esquerdistas que receberam as tabelas que superficialmente sugeriam que as armas reduziam a violência, houve a tendência de conduzir a análise correta, que mostrava que essa primeira impressão estava errada. O mesmo efeito, com sinal trocado, foi visto entre os voluntários alinhados à direita.

Resumindo o resultado: a chance de um participante do estudo interpretar corretamente os números estava ligada ao quanto a interpretação correta confirmaria seus preconceitos sobre o assunto. Essa polarização se manteve – na verdade, aumentou –, mesmo quando o estudo controlou o grau de "alfabetização matemática" dos voluntários, isto é, a capacidade de cada um de conduzir a análise necessária para chegar à conclusão correta.

As forças que empurram o indivíduo para o negacionismo e que atuam para mantê-lo são várias e podem incluir desde vaidade – não admitir que está errado – até o instinto de sobrevivência –emocional, social, político ou, mesmo, literal.

E, para além do negacionismo psicológico e afetivo, há também o estratégico – aquele criado e fomentado com o objetivo definido de impedir que certas políticas públicas sejam adotadas, certas leis sejam aprovadas, certos comportamentos sejam alterados. O caso mais bem documentado é o do esforço dispendido pela indústria do tabaco para obscurecer a conexão direta entre cigarro e diversas doenças, principalmente câncer de pulmão e, mais tarde, negar responsabilidade pelos milhões de mortes causadas pelo consumo de seus produtos.

A primeira parte – obscurecer a ligação entre cigarro e doença – usou muitas das técnicas que serão descritas nas páginas à frente, incluindo descontextualização da evidência, apelo à meia-verdade, fabricação de controvérsias falsas e produção de "conhecimento científico" espúrio.

A segunda – negação da responsabilidade – valeu-se de um jogo mais sutil, uma contradição óbvia lançada diretamente na face do público, mas que tende a passar despercebida, porque a estratégia de comunicação adotada garantia que a atenção da audiência jamais seria dirigida simultaneamente para as duas alegações que se contradiziam entre si.

E que alegações são essas? A primeira é: "Todo mundo sempre soube que fumar faz mal". Ou seja, se o fumante ficou doente foi por culpa dele mesmo, que entrou de olhos bem abertos no mundo do tabagismo. A segunda é: "Nunca se provou realmente que cigarros causam câncer". Assim, não é por má-fé ou ganância que continuamos a pôr esse produto no mercado. "Todo mundo sabe, mas nada nunca foi provado". O casamento do negacionismo com o cinismo é talvez o mais perigoso de todos.

2
A história

A palavra "negacionismo" é uma relativa recém-chegada à língua portuguesa. Foi integrada ao Vocabulário Ortográfico da Academia Brasileira de Letras (ABL), a coisa mais próxima de uma "lista oficial de todas as palavras do português" que temos no Brasil, apenas em 2021. A Academia oferece a seguinte definição: "Atitude tendenciosa que consiste na recusa a aceitar a existência, a validade ou a verdade de algo, como eventos históricos ou fatos científicos, apesar das evidências ou dos argumentos que o comprovam".

O vocábulo é uma adaptação do inglês *denialism*, da raiz *denial* – literalmente, "negação". O dicionário Merriam-Webster registra o primeiro uso de *denialism* na língua inglesa no fim do século 19, mas a palavra ganhou popularidade quando passou a ser aplicada, a partir da década de 1980, para definir a atitude do grupo de escritores e polemistas que, na Europa e na América do Norte, negavam os crimes do regime nazista da Alemanha entre 1933 e 1945, principalmente a existência dos campos de extermínio e o assassinato de 6 milhões de judeus no Holocausto.

No início, os negadores do Holocausto chamavam a si mesmos – e eram chamados – de "revisionistas", o que dava a impressão de que estavam apenas "revisando" a evidência histórica e apresentando interpretações alternativas, que poderiam até estar erradas, mas seriam opiniões honestas, parte legítima do debate profissional no campo da história.

Historiadores sérios, no entanto, logo desfizeram essa ilusão, mostrando que os negadores não "reinterpretavam", mas omitiam e distorciam fatos históricos para forçar uma conclusão falsa, e o termo "negacionista" passou a ser aplicado para distinguir esse grupo dos historiadores que fazem revisão legítima – isto é, que modificam suas teorias e narrativas sobre o passado à medida que novas evidências vão sendo descobertas e analisadas.

Um dos principais negacionistas do Holocausto, o britânico **David Irving**, chegou a processar a historiadora americana **Deborah Lipstadt** pelas críticas duras feitas por ela ao seu trabalho – e perdeu, sendo formalmente declarado "negacionista" pelo tribunal que julgou a ação.

DAVID IRVING

Autor britânico de história militar e política da Segunda Guerra Mundial, com foco na Alemanha nazista. Em suas obras, ele argumentou que Hitler não sabia do extermínio de judeus ou, se soubesse, seria contrário. Embora a visão negacionista de Irving sobre a segunda guerra nunca tenha sido levada a sério pelos historiadores, ele foi reconhecido por seu conhecimento da Alemanha nazista e pela sua capacidade de descobrir novos documentos históricos. Irving afastou-se da comunidade dos historiadores em 1988. Com base na sua leitura do pseudocientífico relatório Leuchter, ele começou a abraçar a negação do Holocausto, negando especificamente que os judeus tivessem sido assassinados em câmaras de gás no campo de extermínio de Auschwitz.

DEBORAH LIPSTADT

Escritora e historiadora americana. É atualmente professora de Judaísmo Moderno e Estudos sobre o Holocausto na Universidade Emory, em Atlanta. Em 1994, foi indicada por Bill Clinton para a chefia do conselho do Museu Memorial do Holocausto dos Estados Unidos, onde serviu por dois mandatos. Em 2021, o presidente Joe Biden a indicou como Enviada Especial dos Estados Unidos para o Escritório de Monitoramento e Combate do Antissemitismo.

O trabalho hercúleo e exaustivo de Lipstadt em seu confronto com Irving, aliás, exemplifica e antecipa muitos dos desafios e das dificuldades que viriam a enfrentar os envolvidos na luta contra outros negacionismos – climático, antitransgênicos, antivacinas etc.

Seu livro *Denying the Holocaust* ("Negando o Holocausto", literalmente), de 1993, abre com uma declaração de princípio da autora, dizendo que não participaria de debates com negacionistas. "A existência do Holocausto não é questão de debate", escreveu ela. "Eu poderia analisar e dar exemplos de quem eles [*os negacionistas*] são, e o que tentam fazer, mas não aparecerei ao lado deles. Fazer isso seria dar-lhes uma legitimidade e uma estatura que não merecem". A questão de que engajar negacionistas em debate direto faz mais mal do que bem é algo que até hoje atormenta cientistas e comunicadores sérios.

Por um lado, a ausência de uma voz sensata pode não só dar a impressão de que a Ciência está "com medo" do confronto, ou de que é pouco transparente, como também dar ao negacionista um palco só para si, distribuindo mentiras e absurdos sem ser contestado. Por outro, a presença de um pesquisador respeitado ao lado de um negacionista – mesmo que seja para contestá-lo – pode fazer o propagador de falsidades parecer respeitável, numa espécie de contágio positivo. A questão não tem resposta simples, mas analisaremos algumas opções e possibilidades mais adiante.

A obra de Lipstadt traz ainda um exemplo notável do que hoje em dia é chamado de "Lei de Brandolini" ou "Princípio da Assimetria da Desinformação", aplicada no combate ao negacionismo: o esforço necessário para desfazer uma mentira é desproporcionalmente maior, e pode vir a ser várias ordens de grandeza maior, do que o empregado para criar a falsidade. Num dos apêndices de *Denying the Holocaust*, a historiadora descreve o trabalho envolvido na contestação da fantasia perversa de que o *Diário de Anne Frank* seria uma falsificação.

O diário mantido pela menina **Annelies Marie Frank** 🔗▶ (1929-1945) entre os 13 e os 15 anos de idade é um dos mais famosos e emblemáticos documentos sobre a perseguição movida pelos nazistas contra os judeus na Europa. Lipstadt explica:

> "(...) desde sua publicação, logo após a guerra, o diário vendeu mais de 20 milhões de exemplares em mais de quarenta países. Para muitos leitores, é uma introdução ao Holocausto. Inúmeras universidades e escolas de ensino médio usam-no como leitura obrigatória. O impacto e a popularidade do Diário de Anne Frank, principalmente entre os jovens, fizeram com que desacreditá-lo fosse um objetivo importante para os negadores".

> ANNELIES MARIE FRANK
>
> **Adolescente alemã de origem judaica, vítima do Holocausto. Tornou-se uma das figuras mais discutidas da história após a divulgação póstuma do *Diário de Anne Frank* (1947), no qual documentou suas experiências enquanto vivia escondida em cômodos ocultos de uma empresa durante a ocupação alemã nos Países Baixos na Segunda Guerra Mundial. Desde então, passou a ser referida como um "símbolo da luta contra o preconceito" e teve sua história servindo como base para diversas peças de teatro e filmes ao longo dos anos. Em 1999, foi contemplada como uma das pessoas mais importantes do século 20 em uma lista organizada pela revista *Time*.**

Os negacionistas construíram seu caso contra o livro da menina sobre duas "pernas": a primeira, a existência de diferentes versões do texto (o que é verdade: existem os rascunhos escritos por Anne, a versão "passada a limpo" também por ela e a versão editada para publicação por seu pai, após a guerra). A segunda é o processo movido pelo escritor americano Meyer Levin (1905-1981) contra o pai de Anne, Otto Frank (1889-1980), por "plágio". Nesse caso, Levin referia-se à adaptação do livro para o teatro, que ele havia escrito, mas que Frank não usou, encomendando um roteiro diferente a outros autores. O "plágio" alegado tratava das duas versões da peça, e não do livro original.

Lipstadt narra como, diante dos ataques cada vez mais estridentes à autenticidade do livro – todos repetindo ou elaborando mentiras e distorções baseadas no par de alegações mencionadas – o Instituto Estatal de Documentos de Guerra da Holanda decidiu conduzir uma perícia técnica completa nos manuscritos deixados por Anne Frank, resultando um laudo de 250 páginas com análises da cola usada nos cadernos, da composição das tintas, do papel; a caligrafia foi comparada à de cartas e cartões postais escritos pela menina.

O resultado foi uma comprovação cabal de autenticidade, além da publicação de uma edição crítica do *Diário*, contrastando as três versões – rascunho, "limpa", editada pelo pai –, e coligindo as análises e conclusões de especialistas, tudo consolidado num cartapácio de mais de 700 páginas. Deborah Lipstadt registra a reação de alguns observadores, espantados, comentando que as autoridades holandesas estavam "usando um elefante para matar uma mosca". Mas essa é a natureza do negacionismo: fazer alegações infundadas só requer alguns minutos, uma caneta, um teclado. Refutá-las pode exigir anos, dezenas de especialistas e centenas (ou milhares) de páginas.

O Holocausto é, claro, um dos fatos mais bem documentados da história: se milhões de pessoas não morreram nos campos de extermínio e de concentração, onde estão elas? Onde estão seus filhos, netos, bisnetos? Comparado a isso, é ridículo outro negacionismo mais recente: o de que os atentados de 11 de setembro de 2001 às Torres Gêmeas em Nova York nunca aconteceram, e, portanto, que os passageiros dos aviões destruídos e os ocupantes dos edifícios colapsados não morreram.

Além do tamanho do massacre perpetrado pelo regime de Adolf Hitler, o número de fotografias, documentos, depoimentos – de testemunhas, de sobreviventes e até mesmo de seus algozes – dando conta do plano nazista para eliminar os judeus da Europa, e do modo como esse plano foi posto em prática, é esmagador. Seria mais fácil negar a realidade das conquistas de Júlio César (100-44 Antes da era comum, AEC).

César, aliás, foi um dos primeiros autores da tradição ocidental a comentar (ao menos por escrito) a tendência humana a negar realidades inconvenientes – o fato de a palavra "negacionismo" ser de lavra recente não significa que o fenômeno não tenha estado presente desde a mais remota Antiguidade. Em dado momento de seu relato sobre a conquista da Gália em 56 AEC, o general (e futuro ditador) romano resume os motivos que levaram um grupo de rebeldes gauleses a cair numa armadilha. O oficial romano Sabino havia subornado um desertor gaulês para que fosse ao acampamento de seus compatriotas contar uma história fantasiosa a respeito da fraqueza dos romanos. Os rebeldes caíram no conto, lançando um ataque mal concebido e condenado ao fracasso.

Escreve Júlio César, em sua narrativa sobre a conquista da Gália: "Para tomar essa decisão, [os gauleses] foram influenciados por várias coisas – a hesitação recente de Sabino, as promessas do desertor, a falta de suprimentos (...) e a tendência geral da humanidade a acreditar no que deseja".

Numa época em que o método científico ainda não havia sido refinado e a ciência, tal como a compreendemos hoje, ainda não existia, negacionismo e autoengano já eram associados a grandes desastres políticos e militares. Em um de seus discursos lamentando a demora dos cidadãos de Atenas em reconhecer a necessidade de levantar um exército para combater Filipe da Macedônia (pai de Alexandre, o Grande), o orador ateniense Demóstenes (384-322 AEC) reparou que "o desejo é o pai do pensamento e, por causa disso, nada é mais simples do que o autoengano. Pois aquilo que cada homem deseja, ele também acredita ser a verdade".

Ainda um século antes de Demóstenes, o historiador Tucídides (460-400 AEC) anotava, em seu relato da Guerra do Peloponeso, que "a maioria das pessoas não se dá o trabalho de descobrir a verdade, mas está inclinada a aceitar a primeira história que aparece". E também: "É comum entre os homens que, quando desejam algo, se entregam à esperança irrefletidamente, mas empregam toda a força da razão para rejeitar o que lhes parece desagradável".

Empregar toda a força da razão para rejeitar o que parece desagradável é uma definição muito boa de negacionismo. O diagnóstico, portanto, tem pelo menos 2.400 anos, mas a doença continua entre nós – e talvez nunca tenha sido tão grave.

3
O método

Quando a negação deixa de ser fenômeno individual e se converte em delírio coletivo, acaba se revestindo de dois aspectos, um interno – voltado para sustentar a coesão do grupo, preservar a **ortodoxia** 🔗▶ do núcleo duro da doutrina, "manter a fé" – e um externo, voltado à conquista de novos aderentes e, quando se trata de um negacionismo construído com o fim expresso de servir a interesses políticos e econômicos (como o que rejeita a mudança climática ou promove o tabagismo, por exemplo), objetivando influenciar a opinião pública e os agentes políticos.

É essencial constatar que, para ter influência sobre os rumos da sociedade – incluindo a elaboração de leis, a definição de currículos escolares, a forma, o tipo e o conteúdo dos debates travados na mídia e em campanhas políticas –, a posição negacionista não precisa ser hegemônica e nem mesmo majoritária entre a população.

ORTODOXIA

Posição de cumprimento de todas as decisões, assim como de todos os preceitos e ideais de determinado padrão ou dogma considerado tradicional, de modo rígido e absoluto. Para os pensadores ortodoxos, a visão apresentada pela ortodoxia é tida como a única correta, pois seria baseada em princípios metafísicos e científicos. No entanto, a ortodoxia pode ser interpretada a partir de um ponto de vista pejorativo, quando passa a ser uma doutrina ou comportamento que nega a adaptação às realidades alheias ou ao que é novo.

Nem todo defensor da ideia de ensinar a falsa controvérsia entre evolução e criação bíblica nas aulas de biologia é criacionista, e nem todo cidadão que acha melhor reunir "mais dados" antes de o governo investir em energias limpas nega cabalmente a mudança climática. Nem todo consumidor que se assusta ao ver o "T" no triângulo amarelo de "transgênico", numa embalagem de biscoitos ou num saco de feijão, tem fobia de novas tecnologias, e nem todo pai ou mãe que decide "esperar para ver" antes de vacinar os filhos é militante antivacinas.

Nem toda pessoa que acha que fumar é um "ato de liberdade" duvida de que cigarros causam 90%

dos casos de câncer de pulmão e cerca de 30% dos ataques cardíacos que ocorrem no mundo. Mas talvez ignore que de 80% a 90% dos fumantes são viciados em nicotina (em comparação, apenas 3% dos consumidores de bebidas alcoólicas são alcoolistas), e não tenha pensado no absurdo que é equacionar dependência química e liberdade.

Para o negacionismo de horizonte político-econômico, converter e convencer não é necessário (embora seja, é claro, sempre desejável). Para que esses negacionistas atinjam seus objetivos, basta criar a percepção social de que há algo legítimo a debater, que alguma questão crucial sobre o caso realmente se encontra em aberto. São, na frase lapidar dos historiadores Naomi Oreskes e Erik Conway, "mercadores da dúvida", expressão escolhida como título de seu livro de 2010, abordando cientistas que atuaram para desinformar os formadores de opinião e o público sobre temas como fumo ativo e passivo, armamento nuclear, chuva ácida, buraco na camada de ozônio e aquecimento global.

Semear a dúvida basta ao negacionista (ou, o que talvez seja mais importante, a seus financiadores), porque paralisa o processo de mudança política – caso particularmente claro do aquecimento global – e preserva o *status quo*. Em geral, quem fabrica uma polêmica, ainda mais sobre ciência, quer que tudo continue como está e nada seja feito a respeito do problema. Que as pessoas continuem fumando, queimando petróleo e derrubando árvores, por exemplo. A função da falsa polêmica é transformar o debate político em atoleiro.

Para atingir essa meta, o negacionista estratégico pode contar com dois poderosos aliados – a inércia das instituições (é difícil mudar leis, hábitos, procedimentos, jurisprudências) e a psicologia do viés de omissão. Neste caso, trata-se da intuição de que, entre duas atitudes – uma que requer ação, outra que simplesmente nos permite não fazer nada, ou apenas continuar fazendo aquilo a que estamos habituados –, a segunda é mais fácil, prudente ou segura. O que, como veremos em mais detalhes no final do livro, nem sempre é verdade.

E como falsas polêmicas são fabricadas? Até pouco tempo, o principal modo era tratando de explorar os vieses e pontos cegos da mídia tradicional, principalmente do jornalismo corporativo, comprometido com o modelo estabelecido pelo diário americano *The New York Times* no fim do século 19, de pretender apresentar uma posição neutra e isenta a respeito das forças e opiniões em jogo na sociedade.

Chamada ironicamente de "visão de lugar nenhum" - um ponto de vista externo ao universo, equânime e absoluto –, essa meta nasceu como imperativo mercadológico (não faz sentido hostilizar e afastar parte dos leitores e dos anunciantes em potencial ao tomar partido numa polêmica). Mas, com o passar do tempo, foi se convertendo em norte ético e, também, metodológico. A "visão de lugar nenhum" passou a ser a utopia do jornalismo, inatingível talvez, mas perseguida sempre.

Se a busca da inatingível neutralidade absoluta representou um evidente avanço em relação ao jornalismo que se fazia antes, cheio de distorções e totalmente rendido aos vieses de confirmação e às paixões políticas de seus proprietários, a verdade é que ela também não deixa de ter problemas e produzir "*bugs*" que publicitários e assessores de imprensa inescrupulosos exploram muito bem. E há várias décadas.

A constatação de que o jornalismo-padrão, que honestamente almeja a imparcialidade contém *bugs* estruturais, que manipuladores profissionais usam e subvertem à vontade, não é nova. Já aparecia, por exemplo, em *The Image* ("A imagem"), clássico sobre comunicação publicado no distante ano de 1961 pelo historiador americano Daniel Boorstin (1914-2004).

Comentando a carreira do grande populista de direita americano do século 20, o senador Joseph McCarthy (1908-1957), Boorstin escreve que "a sorte política do senador McCarthy foi promovida por jornalistas que se consideravam seus inimigos, tanto quanto pelos poucos que eram seus amigos". Isso porque, ao dar espaço às alegações descabidas do senador, a imprensa construía sua fama e sua imagem de intrépido patriota.

Sobre os jornais da época em que o senador promovia sua infame "caça aos comunistas" – baseada na mentira de que existiria uma lista de dezenas de agentes soviéticos infiltrados no governo dos Estados Unidos –, o historiador nota que os editores "ao mesmo tempo que o atacavam nas páginas internas de opinião, construíam seu mito nas manchetes da primeira página. Jornalistas eram seus mais fortes aliados". Para Boorstin, os repórteres que cobriam McCarthy eram vítimas de "objetividade indiscriminada".

Uma das marcas dessa objetividade indiscriminada – ou idiota, para roubar o adjetivo usado, em contexto semelhante, pelo escritor, jornalista e dramaturgo Nelson Rodrigues (1912-1980) – é o dogma do "equilíbrio" ou "pluralismo", que se manifesta na norma de que todas as partes interessadas em determinada questão devem ter igual voz no jornalismo. Trata-se de uma regra útil quando o que está em jogo é, por exemplo, a construção de um novo parque, e também pode ser importante quando se realiza um trabalho investigativo de fôlego. Mas, quando se reduz ao meramente declaratório – "ele disse isso, ela disse aquilo, você, leitor, que decida por conta própria quem está falando a verdade" –, e principalmente quando o que está sendo discutido são pontos históricos ou científicos sobre os quais há forte consenso entre os especialistas sérios (o Holocausto, o aquecimento global), o "equilíbrio" engana, distrai e sugere preguiça ou, pior, covardia de quem escreve e publica. Como afirma o filósofo americano Lee McIntyre, em seu livro de 2018 *Post-Truth* ("Pós-verdade"), o "ponto de equilíbrio" entre verdade e mentira ainda não é a verdade – portanto, é mentira.

Ao adotar uma política de equilíbrio (na verdade, de falsa equivalência) em questões de consenso científico, a grande mídia "longe de ganhar objetividade, produziu o efeito irônico de reduzir seu compromisso com a cobertura precisa das notícias", acusa o filósofo.

Em outro livro fundamental sobre o assunto, *Lies Incorporated* ("Mentiras Ltda."), de 2016, o jornalista americano Ari Rabin-Havt relata uma série de casos – indo da relação entre tabaco e câncer, até a questão da saúde mental de crianças criadas por casais *gays* (a ciência é clara: não há problema nenhum), e passando pelo aquecimento global – em que grupos de pressão encomendaram a produção de lixo científico, ou distorceram a ciência real, para empurrar para a mídia a ideia de que a questão teria "dois ou mais lados" dignos de consideração.

E, desde a década de 1950, quando a indústria do cigarro e seus assessores de imprensa inventaram a estratégia de criar dúvida para paralisar a política, fomentando o negacionismo da relação entre tabaco e câncer, o jornalismo nunca foi capaz (ou teve vontade) de resistir à sedução do "outroladismo científico".

A mais grotesca eclosão recente desse vício ocorreu na decisão anunciada pela rede britânica de comunicação BBC, na segunda quinzena de janeiro de 2022 (e noticiada, por exemplo, pelo diário britânico *The Times*), de dar espaço para terraplanistas em sua programação, em nome de manter uma "linha dura de imparcialidade".

Até poucos anos – até o início da pandemia, na verdade, quando parte significativa do jornalismo profissional acordou para o perigo real e imediato de seguir com a pantomima de tratar todos os pontos de vista como equivalentes, ao menos em questões relacionadas à Covid-19 –, o *bug* da "ciência com outro lado" não só assombrou a imprensa, fazendo a alegria dos negacionistas, como seu impacto vinha se agravando ano a ano.

Lee McIntyre aponta que, depois que a CNN americana, fundada em 1980, estabeleceu o ciclo de notícias contínuo de 24 horas, programas de debate – em que "especialistas" e jornalistas jogam conversa fora sem parar, madrugada adentro – passaram a predominar sobre o conteúdo noticioso ou investigativo. Afinal, produzir documentários e despachar repórteres para os quatro cantos do mundo é muito mais caro do que colocar dois sujeitos de terno em um estúdio, trocando farpas entre si.

E, para haver debate, é preciso haver "vários lados". Mesmo que, na verdade, não haja. Portanto, negacionistas que buscam ter impacto na sociedade – em oposição aos que se contentam em se fechar em bolhas – manipulam pontos cegos da mídia. Ou seja, eles exploram as fragilidades estruturais do modelo dominante de jornalismo, com sua confusão entre equilíbrio, pluralismo e objetividade, para pôr seu material em circulação.

Mas como esse material é produzido? De onde os negacionistas mais sofisticados tiram o verniz de respeitabilidade que envolve suas alegações e faz muitas delas parecerem plausíveis aos ouvidos de um público pouco familiarizado com os detalhes técnicos de questões como aquecimento global ou segurança de vacinas?

Mentira deliberada é uma ferramenta útil, por exemplo, em entrevistas com jornalistas despreparados ou em discursos e pronunciamentos feitos diretamente ao público – poucas pessoas terão condição de checar, no ato, se um número ou dado citado por um negacionista climático é verdadeiro, ou se um estudo mencionado por um ativista antivacinas realmente conclui o que o ativista diz que conclui (e, até mesmo, se o estudo de fato existe).

Mas a mentira pura e simples é relativamente pouco utilizada. Isso porque, no fim das contas, mentiras têm mesmo pernas curtas e, o que é ainda mais crucial, falsidades completas e descaradas são fáceis de refutar: um número falso é derrubado pelo número verdadeiro, um estudo que não existe é desmascarado conferindo-se os arquivos do periódico em que teria sido publicado.

Uma exceção notável a essa regra geral de que negacionistas evitam, na medida do possível, lançar mão de falsidades evidentes aparece no Brasil, nos debates sobre meio ambiente. Estudo publicado por cientistas brasileiros em fevereiro de 2022 no periódico *Biological Conservation* aponta que o uso de dados falsos – o que os autores chamam, caridosamente, de "pseudofatos" – é comum nos embates sobre agricultura e preservação do meio ambiente. "O que observamos em nosso estudo de caso", escrevem os autores, "foi a influência no debate público por meio da promoção de versões alternativas de fatos e números, a despeito da evidência esmagadora em direção oposta".

Em geral, no entanto, é melhor, do ponto de vista da estratégia negacionista, evitar mentiras (ou "pseudofatos") e produzir meias-verdades ou citar verdades inegáveis, mas omitindo contextos essenciais para sua correta compreensão. Isso, como vimos no caso do *Diário de Anne Frank*, torna a tarefa de combater o negacionismo muito mais delicada e complexa.

É verdade, por exemplo, que existem três versões do diário; é verdade que o pai de Anne Frank foi processado por um escritor de ficção por plágio. Mas essas verdades não significam o que o negacionista pretende que signifiquem. O falso significado é induzido, na mente do público, pela omissão, ou distorção, do contexto.

Em questões de saúde, medicina alternativa e vacinas, a manobra muitas vezes envolve a menção de estudos ruins, inválidos ou cujas conclusões são, a rigor, irrelevantes para o ponto em discussão. Quando trabalhos assim vêm à baila, o crítico do negacionismo é obrigado a admitir que, sim, o estudo existe; sim, foi conduzido por cientistas; sim, foi publicado com revisão pelos pares; sim, conclui isso aí que ele está dizendo, mas...

Do ponto de vista retórico, esse "mas" gera uma infinidade de problemas. Num debate público, em que o moderador e a plateia esperam respostas curtas e claras – "sim", não", "verdadeiro", "falso" – e em que explicações mais longas e complexas são facilmente vistas como sinais de insegurança do orador, ou como tentativas de enrolar o público, a situação pode ficar bem complicada.

Duas marcas comuns a quase todas as formas de negacionismo, que se articulam de modo orgânico à estratégia da meia-verdade e da verdade fora de contexto, são a da atenção obsessiva ao detalhe irrelevante e a da insistência em repetir questões já respondidas.

Negacionistas atuam tentando destacar detalhes que podem até ser reais, mas têm muito menos importância do que eles acreditam, ou gostariam que o público acreditasse – apontam, por exemplo, para um inverno um pouco mais rigoroso em alguma parte do mundo, e ignoram a tendência geral de alta das temperaturas médias globais, registrada ao longo do século passado e das primeiras décadas deste.

Quando o assunto são vacinas, enfatizam efeitos colaterais raros e "esquecem" de mencionar que os riscos associados a esses efeitos são várias vezes – em certos casos, milhares de vezes – menores do que os trazidos pela doença que a vacina vai evitar. É como se uma pessoa, ao ouvir o alarme de incêndio, tivesse mais medo de tropeçar e torcer o tornozelo descendo a escada de emergência do que do fogo e da fumaça.

Já a insistência em fingir que questões que a ciência já resolveu há tempos "continuam em aberto" viceja no terreno das falsas controvérsias científicas. Um caso exemplar é a insistência dos criacionistas de que não existem fósseis de transição – isto é, formas que permitam traçar o processo de descendência com modificação que produz novas espécies. Absurdo, porque, na verdade, registros de formas de transição, como o *Archeopterix* (transição entre dinossauros e aves) e o *Tikaalit* (peixes ósseos e animais terrestres) são abundantes.

O registro fóssil é incompleto e imperfeito: estima-se que menos de 1% das espécies que já viveram tenham deixado restos fossilizados, o que é compreensível, pois a fossilização em si é um processo raro, que requer condições especiais para acontecer. A despeito disso, no entanto, há nele uma abundância de formas transicionais. Afirmar que não existem fósseis de transição é agir como a criança que, ao receber uma notícia ruim, tapa os ouvidos, fecha os olhos e fica gritando "lá-lá-lá" na esperança de que a incômoda realidade vá embora. E é isso que vemos no discurso criacionista clássico. Além de infantilidade, há método nessa teimosia: ela não só ajuda a manter a coesão interna do grupo, ao validar a atitude geral dentro da bolha de ignorar a evidência que vem de fora, como também pode impressionar os membros do público pouco familiarizados com o estado da arte da questão.

Para o cidadão comum, que não acompanha as publicações de biologia evolutiva por obrigação profissional ou *hobby*, ouvir dizer que os cientistas ainda estão "confusos" pela ausência de formas de transição no registro fóssil pode soar como um argumento razoável a favor do ensino do criacionismo nas escolas. Mas o suposto estado de confusão não existe e, mesmo se existisse, não seria um bom argumento. Só que explicar os fatos do caso – como sempre – requer mais trabalho, tempo e atenção do que apenas apresentar a falsa questão, como se ela realmente fosse um grande problema para a biologia evolutiva, e sair correndo.

Produzir a percepção pública de que a comunidade científica está dividida, quando na verdade os especialistas chegaram há tempos a um consenso, ou que questões científicas já resolvidas ainda estão em aberto, é o arroz com feijão do negacionismo científico que se pretende respeitável (a outra modalidade, à qual pertencem, por exemplo, os terraplanistas, reconhece a existência de um consenso científico, mas atribuem-na a uma grande conspiração).

A produção do divórcio entre o que o público acredita que a ciência diz e o que a ciência realmente diz se vale das ferramentas descritas neste capítulo:

- manipulação das fraquezas da mídia, principalmente da confusão entre objetividade e equilíbrio;
- mentiras, meias-verdades, irrelevâncias;
- abandono de contextos;
- repetição de falsas questões.

O filósofo David Harker, em seu livro *Creating Scientific Controversies* ("Criando controvérsias científicas"), de 2015, sugere três indicadores de que uma suposta "polêmica entre cientistas" promovida pelos meios de comunicação é, na verdade, fruto de fabricação negacionista:

(1) **Grupo interessado**

Alguém geralmente tem algo a ganhar com a negação do consenso científico, seja dinheiro, seja prestígio, poder político ou a viabilidade de uma visão de mundo incompatível com a realidade tal como descrita pela ciência.

Harker adverte que o indício do "grupo interessado" é o mais fraco dos três e pode degenerar facilmente na falácia *ad hominem*, em que a crítica ao argumentador acaba substituindo a crítica ao argumento. Por isso, pede cautela em seu uso.

Feitas as devidas ressalvas, no entanto, a identificação de grupos de interesse, se não prova o caráter fraudulento da "polêmica", deve aguçar a recepção crítica dos argumentos oferecidos e ajuda a colocar a disputa num contexto mais adequado.

(2) **Argumentação exclusivamente negativa**

Uma alternativa legítima ao consenso científico, espera-se, deve ser construída a partir de um conjunto de observações e experimentos originais e oferecer uma teoria capaz de dar conta dessas observações e experimentos.

Se não existe aquecimento global, então o que explica o aumento das temperaturas médias no último século, principalmente na última década? Se o aquecimento existe e não é causado por emissões de CO_2 então pelo quê? Se o ser humano não tem ancestrais comuns com gorilas e chimpanzés, por que o DNA das três espécies é tão parecido?

Em resumo, alternativas legítimas ao consenso científico são propositivas e, o mais importante, testáveis: devem propor novas observações ou experimentos que ainda não foram feitos e prever seus resultados.

Já uma falsa alternativa – uma controvérsia fabricada – raramente propõe algo, limitando-se a citar anomalias (reais ou inventadas) no corpo experimental preexistente e falhas explicativas (mais uma vez, reais ou criadas) no corpo da teoria reinante.

É essencial notar que a mera presença de anomalias pontuais e pequenas falhas explicativas não bastam para invalidar uma teoria bem testada e consolidada. O consenso científico é a melhor explicação possível no momento. "Melhor possível" raramente (na verdade, quase nunca) é sinônimo de "perfeito". Arestas sempre existem.

Aqui, e em vários pontos ao longo de seu livro, Harker retoma o princípio de que "incerteza e convicção não são mutuamente excludentes". Veremos isso com mais detalhes no capítulo sobre incerteza científica, mas, adiantando: não é preciso ter certeza absoluta de que o Sol vai nascer amanhã (o que ninguém tem – o astro-rei pode ser engolido por um buraco negro errante nos próximos cinco minutos) para admitir que a coisa certa a fazer é programar o despertador para o horário de sempre e reunir coragem para sair da cama e ir trabalhar.

Todo consenso científico mantém uma "superfície de contato", uma zona-limite onde entra em choque com dados que não é imediatamente capaz de absorver, detalhes que ainda não consegue explicar de modo satisfatório, assim como irregularidades e incertezas.

É nessa zona de contato que o consenso encontra material para evoluir e refinar-se – e, sim, o impacto acumulado das anomalias pode até fazer com que, um dia, venha a ser abandonado e substituído. Mas simplesmente apontar a presença dessa região instável não prova nada: ela é parte normal da ciência.

(3) Apelo à opinião pública, não aos pares

No curso normal dos eventos, um especialista que discorda honestamente de outros especialistas apresenta suas discordâncias e argumentos na literatura técnica, não em audiências públicas de casas legislativas, entrevistas coletivas, redes sociais ou em aparições em programas de auditório. O apelo direto à mídia popular é um forte indicador de que a única argumentação à disposição dos promotores da controvérsia é do tipo negativo, que não resistiria por cinco minutos à análise de uma audiência formada por gente que realmente entende do assunto.

Como o negacionismo muitas vezes serve à manutenção de laços familiares, identitários e ideológicos – você não pode ser parte desta turma, deste partido, desta igreja, deste governo, a menos que concorde em negar certo aspecto da realidade –, grupos negacionistas tendem a desenvolver setores especializados naquilo que o historiador americano Robert N. Proctor chama de "produção ativa de ignorância". Falsas controvérsias científicas são um dos produtos dessa indústria de ignorância artificial.

Isso corre porque negar um fato, reconhecendo que ele é verdadeiro, é uma atitude francamente desonesta, cínica (ou mesmo irracional). Poucas pessoas seriam capazes de, ou estariam dispostas a, negar em público e de forma repetida e contundente uma verdade que conhecem, reconhecem e *aceitam como verdade*. A ignorância quanto ao *caráter verdadeiro* do que se nega é, portanto, essencial, se o negacionismo se pretende sincero e eficaz.

No caso do negacionismo científico, isso traz problemas especiais. Como fatos científicos são de domínio público – estão, em princípio, disponíveis para todos em enciclopédias, livros, documentários, na internet –, a ignorância em relação a eles precisa ser ativamente criada, mantida e sustentada. Por exemplo, com a produção de resultados que são, formalmente, "ciência", mas na verdade não passam de material fraudulento, de má qualidade ou irrelevante, que ajuda a criar não só um cabedal de "fatos alternativos" que os negacionistas usam como referência, como ainda gera uma cortina de fumaça que obscurece o significado da ciência verdadeira.

É um processo que rotineiramente ocorre sob o olhar complacente da comunidade científica e do meio universitário, que, parte em respeito à liberdade acadêmica, parte pela preguiça ou inconveniência política de confrontar o corporativismo da classe, faz vista grossa para os colegas que agem como fabricantes de ignorância.

Trata-se de fenômeno antigo, mas que atingiu proporções inéditas na pandemia atual, ainda mais com a explosão da quantidade de conteúdo publicado nos chamados "repositórios de pré-prints", serviços *online* que abrigam resultados científicos que ainda não foram revisados pelos pares – isto é, sua correção e sua validade ainda não foram verificadas por especialistas independentes.

Esse material, mesmo ainda não sendo formalmente parte do conhecimento científico, recebe relevância e peso no debate público ao ser divulgado pela imprensa e ao circular em redes sociais, onde suas conclusões são usadas para dar apoio a certos pontos de vista ou bandeiras políticas. Uma análise conduzida em 2021 mostrou que 98% dos artigos sobre Covid-19 publicados sob a forma de pré-print haviam sido citados pelo menos uma vez no Twitter.

Quanto desse material teria sido apenas ignorância, seja deliberadamente fabricada, seja fruto da incompetência dos autores? O estudo mais tuitado, enquanto ainda em pré-print, tratava da prevalência do vírus da Covid-19 em Santa Clara, Califórnia, trabalho duramente criticado por sérios problemas metodológicos e usado politicamente para promover a trágica ideia de que valeria a pena deixar a Covid-19 circular desimpedida e buscar uma "imunidade natural de rebanho".

O fenômeno da ignorância fabricada aparece ainda, agora de forma bem caricatural, na atividade dos movimentos terraplanistas, com sua produção constante de "evidências" e "provas" de que nosso planeta não é um globo. Repete-se, de maneira mais sutil e insidiosa, em artigos científicos e jornalísticos, cursos, documentários e palestras, não raro financiados por grupos de interesse, que buscam minimizar a confiabilidade e a relevância de fatos científicos bem estabelecidos junto à opinião pública.

Trabalhos assim cumprem dupla função: além de propagar a causa dos negacionistas na sociedade – afinal, eles têm "estudos" defendendo seu ponto de vista – também permitem, pelo mesmo motivo, que os agentes do negacionismo mantenham certo senso de consciência tranquila, além de reforçar o discurso interno do grupo.

Os maiores exemplos históricos da produção deliberada de ignorância a respeito da gravidade, urgência e realidade de fatos científicos bem estabelecidos envolvem a relação entre tabaco e câncer e o aquecimento global.

A produção de ignorância permite "fingir que certos conhecimentos não existem" – seja o de que a Terra é redonda, seja o de que o Holocausto aconteceu, ou o de que a cloroquina é inútil para tratar Covid-19.

4
Ciência e incerteza

Quando o assunto é ciência, o negacionismo pode ser definido, de forma bem sucinta, como a recusa em acatar consensos científicos bem estabelecidos, na ausência de argumentos válidos contundentes ou de evidências extraordinárias (a questão do que significa esse adjetivo, "extraordinário", será analisada mais a fundo no próximo capítulo).

Esta definição leva, obviamente, à seguinte pergunta: o que é um "consenso científico"? Alguns exemplos: a Terra gira em torno do Sol. A aids – síndrome da imunodeficiência adquirida – é causada por um vírus. Cigarro é a principal causa de câncer de pulmão no mundo. A posição dos planetas no céu, no minuto do seu nascimento, não afeta a sua personalidade. Todos os alimentos geneticamente modificados aprovados para consumo humano, até agora, são seguros e não fazem mal para a saúde (ou, ao menos, não fazem mais mal do que as versões "originais" ou "orgânicas").

O que essas afirmações têm em comum? Todas são aceitas como fatos um tanto quanto óbvios e bem estabelecidos pela esmagadora maioria das pessoas que dedicam a vida a estudar cientificamente esses assuntos (o planeta Terra, a aids, o câncer, a personalidade humana, a genética, a alimentação).

Olhando dessa forma, pode parecer que consensos científicos são apenas opiniões combinadas entre profissionais com interesses comuns – resultado de conversa e politicagem. No entanto, essa impressão se desfaz quando levamos em conta o que, enfim, significa "estudar cientificamente" alguma coisa.

O objetivo da ciência é descrever e explicar o mundo empírico, ou seja, aquele que está aberto ao exame dos sentidos do corpo humano e de instrumentos (como telescópios, microscópios, máquinas de raios X...), que amplificam o alcance desses sentidos.

Como nem nós, nem nossos instrumentos, somos capazes de abarcar o mundo empírico em sua totalidade e de uma só vez, somos levados, frequentemente por novas descobertas, a mudar nossa compreensão de coisas que acreditávamos ter dominado bem. Isso, aliás, já aconteceu várias vezes – com a chegada da teoria da evolução, da física quântica, da teoria da relatividade: se consensos científicos fossem só o que os cientistas combinam entre eles, descobertas como as ondas de rádio e a física quântica jamais teriam sido feitas.

Uma consequência disso, e uma das coisas que tornam a ciência uma empreitada maravilhosa, é a incapacidade que o método científico tem de reconhecer ou validar verdades absolutas. Mesmo que uma verdade absoluta seja descoberta – candidatos razoáveis seriam, por exemplo, as afirmações de que todos os seres vivos da Terra têm um ancestral comum, e de que o planeta Terra tem forma aproximadamente esférica – o processo científico, formalmente, jamais fechará de vez a questão a respeito delas.

Sempre haverá a possibilidade de que algo novo surja para demonstrar que o que parecia verdadeiro era apenas ilusão, ou somente um modelo aproximado, grosseiro e simplificado, de como as coisas realmente são.

Possibilidade que, é preciso admitir, torna-se cada vez mais remota, à medida que as evidências confirmatórias a favor do consenso se acumulam e as tentativas de desmenti-lo falham. A rigor, porém, todo consenso está sempre em dúvida e pode, um dia, ruir.

Negacionistas tentam lançar mão desse componente de dúvida estrutural que acompanha toda afirmação científica para deslegitimar diagnósticos dos quais discordam (que cigarro faz mal, que todos temos um ancestral comum, que a revolução industrial vem aquecendo a Terra etc.). Ao fazer isso, passam deliberadamente de trator por cima de três conceitos importantes:

- o de dúvida razoável;
- o de informação boa o suficiente;
- o de ação responsável.

Por partes.

Embora toda dúvida seja possível, nem toda dúvida é razoável frente às evidências disponíveis. Por exemplo, você pode duvidar que esteja lendo este livro – talvez isso seja um sonho especialmente tedioso – mas, qual o motivo, a evidência, para isso?

Aqui, é interessante introduzir o conceito de "direitos epistêmicos" – a ideia de que crenças, alegações e afirmações de conhecimento ("eu sei o que é o caso, confie em mim") são regidas por algo semelhante a um sistema de direitos e deveres. Quer dizer: o que me dá o direito de esperar que as pessoas acreditem no que eu digo? Que deveres devo cumprir antes de tentar convencer alguém de que estou certo?

Negacionistas que trabalham manipulando e amplificando o fato de que toda afirmação científica contém um resíduo de incerteza buscam expandir a lista de pré-requisitos do direito epistêmico até o infinito: precisamos sempre de mais um estudo, mais um teste, mais uma pesquisa, mais um detalhe.

Mas isso não é razoável. Na vida real, ninguém espera confirmações absolutas ou resultados de séries infinitas de testes antes de tomar decisões, incluindo decisões firmes e que implicam riscos, às vezes de vida ou morte.

Não esperamos pela confirmação final da lei da gravidade (e a natureza exata da gravidade ainda é objeto de debate legítimo entre físicos) antes de usá-la para calcular a estrutura de prédios e planejar voos espaciais. Incerteza não é incompatível com convicção: podemos estar convencidos de algo – por exemplo, de que o modo mais rápido de chegar ao trabalho é pegando o metrô –, mesmo reconhecendo que há incertezas (e se houver uma obstrução na linha logo hoje?). Convicções e incertezas convivem em paz em nossa vida cotidiana e também na ciência.

Em ciência, ganhamos o direito de esperar que os outros levem a sério o que dizemos e ajam com base no que afirmamos quando nossas alegações resistem a críticas e testes validados e elaborados por outras pessoas que entendem do mesmo assunto – os chamados "pares".

Esse processo não é perfeito, mas é o melhor que temos. Não há garantia de que sempre produza verdades (de fato, sabemos que produz muita coisa errada) e nem de que outros métodos – sonhos, alucinações, introspecção, palpites, oráculos – nunca produzam verdades. O que sabemos é que, no longo prazo, na experiência acumulada da humanidade, o processo científico é aquele cujas produções mais se aproximam da verdade factual e, talvez ainda mais importante, o que mais detecta e descarta falsidades – as próprias e as geradas por métodos alternativos.

Dada a própria natureza do processo, fica claro que todo resultado científico é incerto e está aberto à revisão. Como já foi dito, a principal força da ciência é exatamente sua recusa em proclamar verdades absolutas. Uma descoberta anunciada hoje pode se mostrar errada amanhã.

Negacionistas aproveitam-se do fato de que a ciência sempre está aberta à possibilidade de revisar suas conclusões para semear dúvidas e falsas controvérsias. Mas, como de costume, enfatizam detalhes e pontos de relevância questionável apenas com o objetivo de obscurecer o conjunto: fatos científicos não são verdades absolutas, mas, fora dos teoremas da matemática, NADA é.

Exatamente porque a ciência é aberta à crítica e à revisão, os fatos científicos são as afirmações mais robustas sobre o mundo empírico que podem ser feitas. Para se firmar como fatos, alegações científicas precisam sobreviver aos ataques e à revisão de pessoas que se dedicam a pesquisar os assuntos e temas a que tais alegações se referem.

Mais ainda, o sistema de incentivos da ciência – os critérios que levam cientistas a ganhar reputação e a se destacar dos colegas – premia ideias novas e ousadas. O cientista que consegue convencer a comunidade de especialistas de que um fato científico bem aceito na verdade está errado recebe prêmios e honrarias.

Mas esse convencimento é um processo longo e demorado, em que a ideia nova e ousada será criticada e testada impiedosamente; as evidências mobilizadas em sua defesa serão analisadas em detalhe, dissecadas, em busca de fragilidades e contradições. Algumas poucas ideias ousadas sobrevivem ao processo e se tornam novos fatos científicos. A maioria desaparece pelo caminho.

Fatos científicos, enfim, são a melhor aproximação possível da realidade. Não são perfeitos, mas são o melhor que temos. Em outras palavras, não é porque os cientistas talvez estejam errados que a ideia de estimação dos negacionistas provavelmente estará certa. Não é porque biólogos não conseguem concordar se vírus contam ou não como seres vivos que passa a ser razoável achar que doenças infecciosas são causadas por encostos espirituais.

Existe uma forma correta de questionar consensos científicos. Pô-los em dúvida com base em intuições vagas, boatos de rede social, minorias estridentes ou estudos de má qualidade, manifestações de cientistas isolados feitas em fóruns inadequados (artigos na imprensa generalista, palestras para o grande público, entrevistas coletivas, audiências públicas em tribunais ou casas legislativas) não é razoável.

Agora, que já demos conta da dúvida razoável, vamos ao segundo fator que a exploração negacionista da incerteza científica ignora (e deseja que o público ignore): a de que, mesmo não sendo absolutamente correta, a informação é boa o suficiente.

Em muitos casos, até sabemos que os dados de que dispomos não correspondem ao modo como as coisas realmente são, mas, ainda assim, eles são bons o bastante para guiar certos tipos de decisão.

Você não precisa de fotos de altíssima definição de uma paisagem para saber onde acaba a floresta e começa o deserto. Por outro lado, a Nasa – a agência espacial dos Estados Unidos – se vira muito bem com as leis do movimento de Newton para lançar seus foguetes e sondas, mesmo sabendo que o trabalho de Albert Einstein é superior.

Você não espera receber um laudo completo da Secretaria de Transportes, autenticado em cartório, garantindo que o metrô não vai parar hoje para concluir que ele é a melhor opção para chegar ao trabalho. E assim por diante. Todos os fatos que usamos como balizas para organizar a vida, de um modo ou de outro, são incertos. Nem por isso deixamos de tomar decisões e de definir planos com base neles.

E, já que vivemos em meio à incerteza, é considerando incertezas que precisamos existir no mundo. Aí chegamos ao terceiro fator, o da ação responsável. Não é responsável usar o dado bruto de existir alguma incerteza como desculpa para falhar em agir quando a melhor informação disponível – ainda que incerta – diz que ação é necessária.

Não é porque existe a possibilidade filosófica de que a lei da conservação da energia não seja uma verdade absoluta que os engenheiros estão livres para ignorá-la ao criar seus projetos. Se verdades provisórias são tudo o que temos, é nelas que precisamos nos basear. E nem é correto dizer que as verdades provisórias são "todas iguais", que acreditar na lei da gravitação universal é "a mesma coisa que" acreditar em duendes.

Algumas verdades provisórias admitem menos dúvida razoável, fornecem mais informação suficientemente boa e, no fim, guiam ações mais responsáveis que outras. Consensos científicos são as verdades provisórias mais fortes de que dispomos.

Negacionistas, por sua vez, costumam insistir na defesa de ideias que, segundo todo o processo de crítica, validação e checagem da ciência, deveriam ser descartadas. Que, efetivamente, já foram descartadas pelos estudiosos sérios.

5
Possível, plausível, provável

Mas, afinal, o consenso científico não pode estar errado? Como vimos, claro que pode. Só que, por causa dos processos e métodos da ciência, toda afirmação de que um consenso científico firme está errado representa uma "alegação extraordinária" e, na frase imortalizada pelo astrônomo Carl Sagan (1934-1996), "alegações extraordinárias requerem evidências extraordinárias". Quer dizer: o trabalho de demonstrar que um consenso está errado é batalha morro acima, e o ônus da prova, imenso.

Mas isso é justo? Não seria melhor dar atenção ao negacionista e esperar até que a possibilidade de erro tenha desaparecido de vez? O problema é que, a rigor, nenhuma possibilidade realmente desaparece de vez. Confrontada com a pergunta, "mas isso não seria possível?", uma pessoa criativa logo imagina um cenário rocambolesco em que, sim, 99%

dos climatologistas do mundo estão mancomunados para acabar com a indústria petrolífera, ou que, sim, a Nasa forjou o pouso do módulo Águia na Lua em 1969.

Aqui, o terraplanismo funciona, mais uma vez, como um bom modelo didático: quem já se envolveu em debates com terraplanistas sabe como os mais hábeis entre eles parecem ter respostas prontas para tudo. Seus modelos da Terra plana, orbitada por um sol minúsculo e uma lua minúscula (ou, alternativamente, por uma esfera de duas faces, solar durante o dia, lunar durante a noite) são sofisticados e "funcionam" até certo ponto. E como desmentir, sem deixar o mínimo espaço para dúvida, a alegação de que vivemos dentro de uma gigantesca cúpula de realidade virtual, criada por alienígenas?

Modelos e afirmações desse tipo mostram que seria possível, de fato, vivermos numa Terra plana. O problema é que o número de hipóteses acessórias (sobre mudanças nas leis da física, na astronomia, no número e na magnitude das conspirações envolvendo agências espaciais... sem falar nos alienígenas) necessário para manter em pé os cenários fantasiosos é insustentável. Aliás, isto é algo que negacionistas, de todos os tipos e cepas, gostariam que o público ignorasse ao analisar aquilo que defendem: o número e a natureza das hipóteses acessórias que vêm, silenciosamente, embarcadas em ideias, à primeira vista, "simples" e "razoáveis".

Se, dado um esquema bem armado de hipóteses acessórias, praticamente qualquer coisa pode soar possível, o mero julgamento de possibilidade é, portanto, insuficiente. Se o simples fato de algo ser possível faz que também pareça razoável, é porque provavelmente estamos confundindo o possível com o plausível.

Juízos de plausibilidade envolvem, exatamente, a avaliação crítica das hipóteses acessórias que estão embutidas numa alegação, e que muitas vezes não são enunciadas, ficando subentendidas. O ideal, ao analisar uma ideia que confronta o senso comum ou o consenso científico, é que sempre se faça um esforço para trazê-las à tona, torná-las explícitas.

Imagine, por exemplo, que você é uma pessoa que gosta muito de séries de TV, mora só e não tem filhos. Um belo dia, ao chegar à sua casa, ouve um som que lembra o choro de uma criança vindo do outro lado da porta. Qual a primeira ideia que lhe vem à cabeça — "Alguém arrombou meu apartamento, largou um bebê para trás e trancou a porta ao sair!", ou "Putz, acho que esqueci a televisão ligada"? Ambas as hipóteses são, em princípio, possíveis, e até entrar no apartamento e ver qual a situação real com seus próprios olhos, a escolha entre elas representa um juízo de plausibilidade.

Agora, basta imaginar quais as hipóteses acessórias por trás de cada possibilidade – ou, em outras palavras, "o que mais precisaria ser verdade para que uma delas também fosse?" – a fim de decidir que "esqueci a TV ligada" é mais plausível. O número, a complexidade e a dificuldade de encontrar motivo ou explicação para que os eventos da outra alternativa fossem verdadeiros (porta arrombada e trancada de novo, bebê abandonado) são esmagadores.

Decidimos que algo parece mais ou menos plausível confrontando as hipóteses acessórias necessárias para que aquilo seja verdade com nosso conhecimento de fundo, com nossa experiência de vida – enfim, com todo o cabedal de informação pré-existente que trazemos para a análise da situação. Quanto menos uma possibilidade colidir com o que já sabemos a respeito do mundo e o que nos acostumamos a esperar dele, mais plausível ela é.

Por causa disso, julgamentos de plausibilidade estão entre os mais vulneráveis a vieses cognitivos (como o viés de confirmação, que já encontramos) e preconceitos de todos os tipos (um condutor machista pode achar mais plausível que o motorista ruim à frente seja uma mulher; uma pessoa muito religiosa pode achar um milagre de cura mais plausível do que uma remissão espontânea da doença). Por isso, há quem considere tais juízos irremediavelmente comprometidos pela subjetividade.

Mas avaliações de plausibilidade não precisam ser baseadas apenas na vivência individual ou de pequenos grupos (família, igreja). Caso se restrinjam apenas a isso, tornam-se muito facilmente veículos de dogma, preconceito e (claro) negacionismo. Podem (precisam) ser informadas pelo melhor conhecimento acumulado pela humanidade — pelos consensos científicos, enfim.

Por tudo o que já vimos no capítulo anterior, desafios a esse consenso têm baixa plausibilidade, em princípio, e requerem um corpo robusto de evidências para se estabelecer.

Negacionistas que buscam se aproximar da corrente principal da academia, da política e da opinião pública – que gostariam de ser "levados a sério" – lidam com isso tentando criar confusão em torno da existência dos consensos que lhes desagradam, usando as ferramentas que já discutimos: atenção ao detalhe irrelevante ou fora de contexto, meias-verdades, ignorância fabricada por cientistas mercenários ou em estudos ruins.

Às vezes, são muito eficazes: estudo conduzido por pesquisadores da Universidade Yale mostrou que, de 2008 a 2010, a proporção de americanos que acreditava na realidade do aquecimento global antropogênico havia caído de 71% para 57%. Nenhuma descoberta científica ocorrida no período explica essa queda. A questão era apenas de percepção e comunicação.

Felizmente, de lá para cá, a tendência se inverteu: a mais recente pesquisa "*Climate Change in the American Mind*" ("Mudança climática na mentalidade americana"), de setembro de 2021, aponta que 76% dos moradores dos Estados Unidos creem que a mudança climática é real. Ainda assim, apenas 24% reconhecem o forte consenso científico em torno do tema.

No entanto, há negacionistas que, em vez de buscar confundir o público sobre os consensos, simplesmente negam que a opinião científica predominante tenha qualquer legitimidade. Um exemplo: aceitam de bom grado o fato de que 99,99% da comunidade internacional de especialistas em biologia aceita e ensina a evolução das espécies, mas respondem que essa unanimidade não significa nada – ou, no máximo, indica a existência de uma grande conspiração.

O negacionismo que se refugia na imaginação conspiratória costuma ter pouca penetração no debate público, tendendo a ficar restrito a grupos e bolhas mais ou menos fechados. Volta e meia, porém, irrompe na consciência pública, como ocorreu com o movimento terraplanista. E é um erro subestimar a retórica das conspirações: se bem usada, ela pode exercer forte apelo para o público.

O ser humano é um animal social. Individualmente, sucesso e sobrevivência dependem muito mais de nossa capacidade de lidar com outros membros da espécie do que de compreender a natureza. Por isso, estamos sempre muito atentos às vontades e aos planos das pessoas que nos cercam, a ponto de usarmos a linguagem dos desejos e das intenções até mesmo quando nos referimos a objetos inanimados ("o *wi-fi* não está a fim de funcionar hoje"). Quando nos dizem que algo aconteceu porque alguém quis que acontecesse, tendemos a aceitar a alegação de forma quase automática. Teorias conspiratórias alimentam-se dessa predisposição.

Assim como preconceitos, a crença em teorias conspiratórias distorce o juízo de plausibilidade. Um estudo conduzido por dois psicólogos australianos – Angela Anthony e Richard Mouldinge – e publicado em 2018 no *Australian Journal of Psychology* indica existir forte correlação entre crer em conspirações e aceitar notícias falsas sobre política, por exemplo.

Em seu livro *A sociedade aberta e seus inimigos*, o filósofo austríaco Karl Popper (1902-1994) critica o que chama de "teoria conspiratória da sociedade", definida como um modo de explicar o mundo baseado na identificação dos beneficiários de um dado fenômeno, que passam a ser automaticamente suspeitos de causar o fenômeno. Exemplo: se os governos do mundo estão investindo em energias limpas para combater o aquecimento global, então, o aquecimento foi causado /é uma mentira elaborada por vendedores de energias limpas.

Em outra obra, *Conjecturas e refutações*, Popper elabora: "A teoria conspiratória da sociedade não pode ser verdade, porque equivale à alegação de que eventos, mesmo os que à primeira vista não parecem ter estado nas intenções de ninguém, são resultados propositais de pessoas interessadas nesses resultados". E, claro, o fato de não haver nenhuma prova de que isso seja verdade só demonstra como a conspiração é competente.

Teorias de conspiração também permitem conciliar crenças contraditórias, de acordo com trabalho publicado por estudiosos britânicos em 2012 no periódico *Social Psychological and Personality Science*. Pessoas que acreditam que a princesa Diana (1961-1997) foi vítima de assassinato político também tendem a acreditar que ela forjou a própria morte. Do mesmo modo, pessoas que acreditam que o chefe do grupo terrorista Al Qaeda, Osama bin Laden, ainda está vivo também tendem a acreditar que ele já estava morto em 2 de maio de 2011 quando os soldados americanos entraram em seu complexo residencial no Paquistão.

Os autores escrevem, no estudo *Dead and Alive: Beliefs in Contradictory Conspiracy Theories* ("Vivo e morto: Crenças em teorias da conspiração contraditórias"):

> "(...) teorias de conspiração mutuamente excludentes têm associação positiva entre si, porque estão ambas associadas à visão de que as autoridades tomam parte num acobertamento".

Enfim, uma vez dada a firme presunção de que determinado grupo – no caso, o governo britânico ou o americano – é culpado, a questão "culpado de quê" torna-se secundária.

Ao permitir conciliar contradições e aumentar a vulnerabilidade das pessoas a notícias falsas, conspirações redimensionam o senso de plausibilidade e corrompem o de probabilidade.

Nem tudo o que é possível é plausível, e nem tudo o que é plausível é provável. Probabilidade é conceito complicado, assim como "tempo". Todo mundo sabe o que probabilidade é, até a hora em que se pede uma definição clara, e aí começamos a gaguejar, mas, no geral, pode-se dizer que a ideia de probabilidade abarca uma medida de frequência e uma avaliação de estado de crença.

Frequência é a face mais objetiva: consideramos mais prováveis as coisas que vemos acontecer mais vezes. Se eu lhe digo que um carro de marca italiana acaba de virar a esquina na Avenida Paulista, na cidade de São Paulo, você talvez imagine que é mais provável que fosse um Fiat do que uma Ferrari, porque Fiats passam pelas ruas de São Paulo (na verdade, de qualquer cidade brasileira) com maior frequência do que Ferraris.

Mas repare que essa constatação objetiva de frequência reflete-se num estado subjetivo de crença:

como Fiats são mais comuns (fato objetivo), você acredita (estado subjetivo) que foi um Fiat que virou a esquina. Mas e se eu acrescentar que o carro era vermelho, baixo, esportivo e tinha um cavalo preto empinado sobre um escudo de fundo amarelo?

Probabilidades subjetivas — nossas intuições e juízos a respeito do que é mais ou menos provável — são constantemente atualizadas de acordo com novas informações e evidências. Assim, dado um conjunto de possibilidades que, frente ao conhecimento de fundo, à experiência de vida e às leis da natureza, são todas igualmente plausíveis, a mais provável será a que tiver mais apoio na evidência disponível.

O último elo nessa cadeia, a evidência, muitas vezes é tratado como suficiente em si – autoexplicativo. A evidência é a evidência incontroversa, fala por si. E às vezes é mesmo assim: ver uma bola que, sob iluminação natural, é vermelha é evidência de que a bola é vermelha, ponto. Mas, por trás desse salto, existe uma lógica: as razões que nos levam a considerar a evidência pertinente ao caso. Se lhe disser que a bola vermelha é evidência de que a Terra é plana, você tem todo o direito de me pedir explicações: que lógica maluca liga uma coisa à outra?

Considerações sobre a relevância de cada peça de evidência levam-nos de volta aos campos da plausibilidade e da probabilidade. Alguém aqui pode ficar preocupado com o risco de a empreitada toda ser circular: posso confiar nesse consenso científico porque a evidência é válida, e sei que a evidência é válida e relevante porque ela se apoia no consenso científico.

Escapamos disso quando as considerações de plausibilidade e probabilidade da hipótese defendida têm bases independentes das que entram em jogo na avaliação da evidência apresentada.

Soa complicado, mas não é. Sabemos que a Terra gira em torno do Sol por causa de observações feitas por telescópios, e sabemos que podemos confiar nos telescópios por causa das leis ópticas de refração e reflexão da luz, que não têm nada a ver com o movimento da Terra. As bases, portanto, são independentes, e a lógica que torna a evidência pertinente à hipótese não é circular.

Mas, já que estamos falando de círculos, voltemos ao início do capítulo: "Alegações extraordinárias requerem evidências extraordinárias". Isso pode ser traduzido assim: para aumentar o estado subjetivo de crença em hipóteses de baixíssima plausibilidade – um desafio radical ao consenso científico, por exemplo –, precisamos de evidências que tenham plausibilidade, probabilidade e relevância extremas.

Ao manipular contextos e jogar com meias-verdades, o negacionismo cria uma espécie de labirinto de espelhos, em que esses três critérios, quando aplicados às evidências que apresentam (ou contestam), são radicalmente distorcidos. Uma informação que não tem nada a ver com o assunto em debate é apresentada como se fosse evidência de extrema relevância; uma hipótese altamente plausível e provável é tratada como se fosse um chute no escuro; fatos bem documentados são desprezados.

A melhor forma de navegar por esse labirinto é ter sempre à mão o fio das hipóteses acessórias: perguntar quais são elas; caso não nos digam, tentar deduzi-las; e, caso soem absurdas, forçadas ou contradigam frontalmente a ciência, mudar de rumo.

6
As consequências

Quando se manifesta no plano político, o negacionismo quase sempre serve à paralisia, à manutenção do *status quo*. Se o problema não existe – ja que é negado –, para que tomar medidas? Não há o que resolver! Se os cientistas não têm certeza, não seria melhor esperar mais informações antes de comprometer recursos num tipo de ação qualquer?

Visto de forma abstrata, o argumento faz sentido. De fato, é melhor esperar do que fazer bobagem só "para fazer qualquer coisa". O problema é que, como vimos, o negacionismo faz uso desonesto da incerteza científica, forçando uma confusão entre o mínimo de incerteza inevitável, que cerca até a melhor informação possível – sendo inseparável da própria ideia de "fato científico" –, e o sentido que a palavra "incerteza" tem na linguagem comum.

O paleontólogo americano Stephen Jay Gould (1941-2002) definiu a questão muito bem em seu ensaio "Evolução, fato e teoria", contido no livro *Hen's*

Teeth and Horse's Toes (literalmente, "*Dentes de galinha e dedos de cavalo*", lançado no Brasil com o título *A galinha e seus dentes*):

> "Fato não significa 'certeza absoluta'. As provas definitivas da lógica e da matemática decorrem dedutivamente de premissas e obtêm certeza apenas porque não tratam do mundo empírico (...) Em ciência, 'fato' pode significar apenas 'confirmado a tal ponto que seria fanatismo negar concordância provisória'.

Esclarecendo: 'provisória' até que surja um fato ainda mais bem confirmado.

Não há certezas em ciência, mas existem fatos bem estabelecidos, teorias bem testadas e hipóteses com alto grau de comprovação. Na ausência de certezas inatingíveis, é com esses elementos que temos de trabalhar. Fazer diferente seria irresponsável.

O negacionismo, quando obtém penetração nas esferas de poder ou consegue convencer grupos relevantes da sociedade, disfarça essa irresponsabilidade, fazendo-a parecer prudência. Ele é ajudado, nesse trabalho, por um fato psicológico chamado "viés de omissão" – a tendência a achar que somos mais responsáveis ou culpados pelas consequências daquilo que ativamente fazemos, em comparação com o que deixamos de fazer.

Existe uma intuição profunda, e dificilmente resistível, de que não fazer nada – omitir-se – é apenas “deixar a Natureza seguir seu curso” ou, para quem tem uma sensibilidade mais religiosa, “pôr nas mãos de Deus”. Mas isso não é verdade. Diversas tradições religiosas, aliás, reconhecem a existência de pecados por omissão.

Se uma criança sofre com uma doença que uma vacina poderia evitar, ela não é uma vítima do acaso ou da natureza, mas de quem lhe negou a imunização. As secas, enchentes e crises humanitárias provocadas pela mudança climática não são acidentes da natureza, mas resultados da inação humana. “Desastres naturais”, como o deslizamento de encostas que soterram moradias e famílias, são produto de decisões das autoridades, que, por ação ou omissão, permitiram fazer construções inadequadas em áreas inseguras. Decidir nada fazer ainda é decidir alguma coisa.

Uma vez conhecidos, os fatos científicos geram responsabilidades. Negá-los é uma forma de fugir dessas responsabilidades. Não é à toa que os maiores movimentos negacionistas do século passado – contestando a ligação entre tabaco e câncer de pulmão, assim como o aquecimento global causado pelo uso de combustíveis fósseis – tenham sido financiados pelas indústrias que mais tinham a perder caso tais responsabilidades fossem reconhecidas: a do cigarro, a do petróleo e, no caso específico do Brasil e do negacionismo ambiental, que é peculiar ao nosso país, a do agronegócio/ruralistas.

Os impactos do negacionismo do tabaco são os mais bem documentados por três motivos principais:

- **Primeiro:** o "ciclo da negação" chegou efetivamente ao fim décadas atrás, com o reconhecimento público, pela própria indústria do cigarro, de que seu produto é prejudicial à saúde;

- **Segundo:** essa mesma indústria foi forçada, pela Justiça americana, a divulgar milhares de páginas de documentos internos, permitindo a historiadores e cientistas sociais reconstituir em detalhe toda a história da campanha de mentira e negação desenvolvida pelo setor. Livros produzidos com base nessa documentação, como *The Golden Holocaust* ("O holocausto dourado"), de Robert N. Proctor, e *The Cigarette Papers* ("Os documentos do cigarro"), editado por Stanton Glantz e colegas, são leituras instrutivas, mas requerem estômago forte;

- **Terceiro:** os danos causados pelo negacionismo do tabaco são fáceis de mensurar, pois a epidemiologia do câncer de pulmão é um dado de saúde pública amplamente disponível.

A conexão entre consumo de cigarros e câncer de pulmão já estava bem estabelecida na década de 1950, mesma época em que a indústria do setor decidiu embarcar, de corpo e alma, na estratégia da negação. Uma alternativa, a estratégia da mitigação – consistindo na busca de tecnologias que tornassem o cigarro menos perigoso – foi abandonada, porque vista como admissão de culpa. Os primeiros alertas emitidos por autoridades de saúde pública saíram no início da década de 1960.

Entre 1960 e 1990, o número de cigarros vendidos no mundo passou de cerca de 2 trilhões para quase 6 trilhões. No mesmo período, o número de mortes anuais por câncer de pulmão ligadas ao tabagismo saltou de dezenas de milhares para mais de 500 mil, com a expectativa de que ultrapassem 1 milhão até 2030. Cabe observar que existe um "atraso" entre a taxa de consumo de cigarros e a de casos e mortes por câncer de pulmão: variações na primeira tendem a impactar a segunda após 30 ou 35 anos.

A década de 1990 é ponto de corte conveniente neste caso específico, porque foi ali que a indústria mudou seu discurso, desenfatizando a negação e passando a culpar a vítima – os fumantes que acreditaram na propaganda negacionista do tabaco e começaram a fumar, ou continuaram fumando, na verdade "sempre souberam" que cigarro faz mal e consumiram tabaco por livre escolha. Não é culpa das empresas se tiveram câncer. Essa mudança de discurso veio associada a uma inflexão na curva global de vendas, que começou a cair no início do milênio.

Queda que deveria ter ocorrido mais cedo. Um estudo do Instituto Nacional de Câncer dos Estados Unidos estima que, se os americanos tivessem parado de fumar depois do primeiro grande alerta oficial feito no país sobre a associação entre tabaco e câncer, emitido em 1964, 2,5 milhões de vidas teriam sido salvas até o final do século 20.

Os esforços da indústria do petróleo para negar a realidade da mudança climática e adiar a adoção de medidas sistêmicas para combater o aquecimento global também estão muito bem documentados (por exemplo, no já mencionado livro de Naomi Oreskes e Erik Conway, *Merchants of Doubt* ("Mercadores de dúvidas"), em *Climate Change Denial* ("Negação da mudança climática"), de Haydn Washington e John Cook, e, mais recentemente, em *The New Climate War* ("A nova guerra do clima"), de Michael Mann.

Entre os impactos mais notáveis de todo esse esforço estão a saída dos Estados Unidos e do Canadá do Protocolo de Kyoto, acordo internacional firmado em 1997 para conter a emissão de gases causadores do efeito estufa. Debates artificiais gerados em torno da questão do aquecimento global paralisaram medidas de controle dessas emissões em várias partes do mundo.

O climatologista Michael Mann, autor original do famoso "gráfico do taco de hóquei", que mostra a elevação notável da temperatura média do Hemisfério Norte no período pós-Revolução Industrial, e principalmente a partir do século 20, escreve em seu livro:

> "[É] correto dizer que a mudança climática já chegou, e agora é apenas questão de decidir o quanto vamos deixar que ela piore. (...) as consequências de não fazer nada tornam-se, dia após dia, mais graves".

O Brasil, por sua vez, sofre com uma versão particular de negacionismo ambiental, que, além de fazer pouco caso da mudança climática, ainda insiste, contra toda a evidência e o consenso dos pesquisadores da área, que o país "já faz demais" pelo meio ambiente, e que a preservação de biomas, rios e florestas põe em risco o desenvolvimento econômico, principalmente da agricultura.

Nada disso é verdade: um estudo publicado em 2012 mostra que, na realidade, durante um período de forte queda no desmatamento da Amazônia (2006-2010), a produção agrícola nacional subiu. O

Brasil também não é o país com maior cobertura florestal do mundo: segundo dados de 2020 da Organização para Agricultura e Alimentação (FAO), da ONU, éramos o 28º colocado no *ranking* relativo (com florestas ocupando 59% do território nacional), atrás até de nações desenvolvidas, como Japão, Suécia (ambos com 68%) e Finlândia (73%). Em termos absolutos, o Brasil é o segundo país com maior área de florestas, com 497 milhões de hectares, atrás da Rússia (815 milhões).

O negacionismo ambiental brasileiro atingiu níveis caricaturais quando o presidente Jair Bolsonaro mandou demitir, em 2019, o então diretor do Instituto Nacional de Pesquisas Espaciais (Inpe), o físico Ricardo Galvão, por discordar dos dados de queimadas na Amazônia. Contudo, essa chaga em particular não nasceu com Bolsonaro. Sempre esteve presente no governo federal, tanto em administrações de esquerda quanto de direita.

As maiores vitórias dos negacionistas ambientais, antes da chegada de Bolsonaro ao poder, haviam ocorrido nos governos petistas de Luiz Inácio Lula da Silva e Dilma Rousseff, com a reforma do Código Florestal Brasileiro, produzida entre 2009 e 2012, que relaxou diversas medidas de proteção ao meio ambiente.

Um estudo publicado em fevereiro de 2022 por pesquisadores brasileiros no periódico *Biological Conservation* – o mesmo que apontou o uso de mentiras, ou "pseudofatos", como preferem os autores, pelo negacionismo nacional – elenca uma série de afirmações falsas usadas para justificar a flexibilização da lei brasileira de proteção do meio ambiente. Negacionistas alegavam que a legislação em vigor na época, se respeitada na íntegra, iria causar danos graves à atividade agrícola. O estudo mostra, no entanto, que "a literatura publicada nos anos 1990 e início dos 2000 sobre o potencial da agricultura brasileira apontava no sentido oposto", isto é, que era possível aumentar a produtividade sem avançar sobre áreas protegidas. Como resultado do sucesso dos negacionistas, a lei de proteção ambiental foi relaxada e a obrigação dos produtores rurais de restaurar áreas desmatadas ilegalmente deixou de ser imposta.

Escrevem os autores:

> "(...) a anistia aprovada ao desmatamento ilegal sinalizou que benefícios semelhantes poderiam vir no futuro. Como consequência, a aprovação do novo Código Florestal marcou uma inversão da tendência de queda do desmatamento. Com a sinalização de que o desmatamento ilegal do passado poderia ser perdoado no futuro, a taxa de derrubada de floresta na Amazônia, em geral feita ilegalmente, mais do que dobrou entre 2012 e 2019".

Palavras finais

O negacionismo causa danos e prejuízos tanto individuais quanto coletivos. Algumas formas, como as restritas a grupos mais ou menos fechados – terraplanismo e criacionismo logo vêm à mente – afetam principalmente os próprios membros desses grupos e, em geral, têm pouco impacto perceptível sobre o conjunto da sociedade, embora a infiltração criacionista se apresente como uma ameaça constante ao sistema educacional.

Às vezes, pessoas aderem a essas formas de negação por livre e espontânea vontade, como quem escolhe uma nova religião ou um estilo de vida alternativo. Outras vezes, são parte de coletivos que o psiquiatra Robert Jay Lifton chama de "totalistas", em que um líder ou uma ideologia busca consumir e controlar todos os aspectos da vida dos membros, incluindo o contato que têm com a realidade – o mundo "lá fora".

No caso de outras modalidades de negacionismo, principalmente as destinadas a confundir e paralisar ações regulatórias, como a negação do aquecimento global, dos malefícios do tabaco, dos benefícios das vacinas ou do desmatamento, há consequências graves, que afetam a todos. Esses negacionismos poluem o debate público, reduzindo o processo democrático a uma pantomima – uma roda que gira em falso –, uma paródia de si mesmo.

Para existirmos numa sociedade saudável, todas as formas precisam ser confrontadas e combatidas – ainda que com ferramentas e ênfases diferentes. Mas há um ponto de partida comum: garantir que a informação correta circule na sociedade e esteja ao alcance de todos. Isto é o mínimo fundamental, não importa a modalidade de negação envolvida.

No entanto, fazer a verdade circular não basta. É apenas o mínimo necessário, e seu principal efeito é garantir que as pessoas que começam a se deixar seduzir por algum negacionismo possam encontrar, com facilidade, explicações claras sobre os assuntos – como o Holocausto ou o efeito estufa, por exemplo. Talvez com isso elas escapem daquilo que os comentaristas de língua inglesa costumam chamar de "toca do coelho" – uma alusão ao buraco que leva Alice para fora da realidade no clássico *Alice no País das Maravilhas*, de Lewis Carroll.

Como formatar a informação correta para que, uma vez circulando, ela tenha o máximo de eficácia no combate aos vários negacionismos é uma questão que ainda não tem resposta exata, e talvez nunca venha a ter. É provável que, para tanto, seja preciso lançar mão de um conjunto amplo de formatos e estratégias, moldados para diferentes públicos e sintonizados com diferentes sensibilidades.

Mesmo regras bem testadas e que funcionam na maior parte do tempo ("evite agressividade, ninguém nunca aprendeu nada sendo chamado de idiota") têm exceções: há grupos que esperam e apreciam linguagem ácida e incisiva.

Mantendo isso em mente, alguns princípios que vêm se consolidando incluem a importância da ação preventiva – expor e explicar as estratégias usadas pelos negacionistas para distorcer os fatos e manipular a verdade. Assim, quando alguém tentar aplicar essas estratégias, o "alvo" já estará preparado para reconhecê-las e resistir a elas. Outro ponto importante é, ao construir um desmentido ou desmistificação, sempre deixar claro que a alegação negacionista é errada, e explicar o porquê.

Existe uma forte tentação de tratar esses assuntos pela técnica da "surpresa" ou da "inversão" – primeiro afirmar o mito ("Nenhum ser humano jamais pisou na Lua") para em seguida desconstruí-lo ("Essa é uma afirmação falsa, feita por teóricos da conspiração..."). Trata-se de uma estrutura comum, de aparência sofisticada, mas, segundo alguns estudos, contraproducente. Razão? É que a falsidade da primeira linha "gruda" na mente da audiência, e a desconstrução a seguir acaba prejudicada. Abrir com a verdade é, em geral, a melhor política.

Essas dicas e muitas outras aparecem em *O manual da desmistificação* (*link* na seção Saber Mais). Ele trata especificamente de combate à desinformação sobre aquecimento global, mas as sugestões sobre forma e estratégia lá presentes têm aplicação muito mais ampla.

Um ponto especialmente delicado é o dos debates. Desafiar cientistas sérios ou representantes de órgãos respeitados – ONGs, agências governamentais, grandes veículos de mídia – "para o debate" é uma estratégia comum usada por negacionistas que buscam amplificar o alcance de sua mensagem.

Debates servem à causa negacionista de diversas maneiras. Primeiro, ao aparecer num palco ao lado de um cientista importante, ou em uma instituição de peso – o auditório de uma grande universidade, por exemplo – o negacionista projeta a impressão de que seu ponto de vista é "levado a sério" por quem realmente entende do assunto. Isso, em si, já é uma vitória em termos de propaganda.

Em segundo lugar, debates públicos são disputas retóricas: "ganha" quem fala melhor e tem mais empatia com o público, não necessariamente quem tem os melhores fatos e argumentos. E, de qualquer maneira, questões científicas são decididas por meio da exposição de evidências e da troca de argumentações e revisão entre especialistas, num processo que pode levar décadas – não em uma hora de exposição oral diante de uma plateia que entende muito pouco, ou nada, dos aspectos técnicos da questão.

No entanto, ao recusar o debate, o cientista dá ao negacionista outro tipo de vitória. Ele pode perguntar: "Do que a ciência tem medo? Por que o especialista está fugindo de mim? O povo não merece ouvir os dois lados?". E assim por diante. No fim, a decisão de participar ou não de um debate com negacionista deve ser estratégica, baseada em uma série de considerações de contexto, incluindo o tipo de público, o risco de transferir prestígio para o negacionista e o dano estimado de participar do debate versus o dano estimado de deixar o negacionista expor seus pontos de vista, sem contestação, para aquela plateia específica.

Deixar de debater com um criacionista numa igreja que tem a verdade literal da Bíblia como dogma, por exemplo, apenas fará com que os fiéis ouçam mais um sermão sobre o Gênesis igual aos que já ouviram dezenas de vezes. Participar do debate, por sua vez, significará expor o cientista a um público pequeno, hostil e já predisposto a não levar a sério seus argumentos. Já um debate sobre vacinas numa associação de pais pode ser inevitável, se a alternativa for deixar o ativista antivacina falando sozinho para a plateia, sem ninguém para contestá-lo.

A maioria das pessoas, no entanto, não vai confrontar o negacionismo produzindo conteúdo (artigos, livros, vídeos) e nem em debates públicos em universidades, igrejas, escolas ou na televisão, mas em suas interações cotidianas, com amigos, parentes e colegas de trabalho. Essas são situações delicadas, que requerem paciência e cuidado.

Muitos negacionistas têm um investimento pessoal, emocional e social tão forte nas teses que defendem que é extremamente difícil dissuadi-los e levá-los a aceitar os fatos tais como são. Difícil, mas não impossível. Não existe uma técnica que garanta sucesso, sabendo-se que a maioria das tentativas tende a falhar.

As recomendações mais comuns são:

- tentar manter uma conversa franca, individual;
- encontrar algum terreno comum, seja em termos de fatos, seja de valores – e começar o diálogo pelas concordâncias, antes de tratar das divergências;
- buscar não "vencer o debate", mas plantar sementes: abrindo espaço para dúvida;
- lançar questões para o interlocutor ter no que pensar (ou pesquisar) depois do fim da conversa.

É importante lembrar sempre que o negacionismo tende a surgir de um temor – o medo das consequências daquilo que se nega. O criacionista teme que, se a evolução for verdade, então, sua religião é falsa; o negacionista do aquecimento global teme a interferência do Estado na economia; o pai que rejeita vacinas teme pela saúde dos filhos.

Algumas vezes, é possível mostrar que o temor é infundado: argumentar, por exemplo, que várias denominações cristãs convivem pacificamente com a teoria da evolução. Outras vezes, é possível mostrar que, na verdade, os valores que o negacionista vê ameaçados – liberdade, saúde – são preservados, e não tolhidos, por aquilo que ele sente necessidade de negar.

Enfrentar o negacionismo é não só urgente – para reverter o estado de paralisia e indefinição que cerca políticas públicas importantes –, mas também essencial para garantir que a humanidade seja capaz de responder de modo eficiente a desafios futuros.

Mais do que iniciativas individuais, tal enfrentamento requer um sistema de educação e comunicação científica apta a preparar o maior número de pessoas para distinguir ciência sólida de ignorância fabricada; demanda ainda o fim do passe livre que os fabricantes de ignorância ainda têm no meio acadêmico; e o mais difícil – talvez utópico – exige a formação de seres humanos preparados para encarar a verdade e os fatos com responsabilidade, mesmo quando os fatos agridem suas crenças ou desafiam seus interesses.

Saber mais

LIVROS EM PORTUGUÊS

ANGELO, Claudio. *A espiral da morte*. Como a humanidade alterou a máquina do clima. São Paulo: Cia das Letras, 2016.

CALEJON, Cesar. *Tempestade perfeita*. O bolsonarismo e a sindemia Covid-19 no Brasil, São Paulo: Contracorrente, 2021.

D'ANCONA, Matthew. *Pós-verdade*. A nova guerra contra os fatos em tempos de *fake news*. Barueri: Faro Editorial, 2018.

FIRESTEIN, Stuart. *Ignorância*. Como ela impulsiona a ciência. São Paulo: Cia das Letras, 2019.

FRANK, Anne. *O diário de Anne Frank*. Rio de Janeiro: Record, 2014.

GOULD, Steven Jay. *A galinha e seus dentes*. E outras reflexões sobre história natural. Rio de Janeiro: Paz e Terra, 1992.

KAKUTANI, Michiko. *A morte da verdade*. Notas sobre a mentira na Era Trump. Rio de Janeiro: Intrínseca, 2018.

PASTERNAK, Natalia & ORSI, Carlos. *Contra a realidade*. A negação da ciência, suas causas e consequências. Campinas: Papirus 7 Mares, 2021.

PINSKY, Jaime & PINSKY, Carla Bassanezi (org.). *Novos combates pela história*. São Paulo: Contexto, 2021.

POPPER, Karl. *A sociedade aberta e seus inimigos*. Coimbra: Edições 70, 2012.

LIVROS EM INGLÊS

BOORSTIN, Daniel J. *The Image.* A Guide to Pseudo Events. in America. Vancouver (WA): Vintage Books, 1992

FESTINGER, Leon; RIECKEN, Henry & SCHACHTER, Stanley. *When Prophecy Fails.* A Social and Psychological Study of a Modern Group That Predicted the Destruction of the World. London: Pinter & Martin, 2008.

GLANTZ, Stanton A. (org.). *The Cigarette Papers.* Oakland: University of California Press, 1998.

HARKER, David. *Creating Scientific Controversies.* Cambridge (UK): Cambridge University Press, 2015.

JISHENG, Yang. *Tombstone.* The Great Chinese Famine 1958-1962. New York: Farrar, Straus & Giroux, 2012.

KÜBLER-ROSS, Elisabeth & KESSLER, David. *On Grief and Grieving.* New York: Scribner, 2007.

LIFTON, Robert Jay. *Losing Reality.* On Cults, Cultism, and the Mindset of Political and Religious Zealotry. New York: The New Press, 2019.

LIPSTADT, Deborah. *Denying the Holocaust.* The Growing Assault on Truth and Memory. Washington (DC): Free Press, 2012.

MANN, Michael E. *The New Climate War.* The Fight to Take Back Our Planet. New York: PublicAffairs, 2021.

MCINTYRE, Lee. *Post-Truth.* Essential Knowledge series. Cambridge (MA): MIT Press, 2018.

ORESKES, Naomi & CONWAY, Erik M. *Merchants of Doubt.* How a Handful of Scientists Obscured the Truth on Issues from Tobacco Smoke to Climate Change. New York: Bloomsbury Press, 2010.

PROCTOR, Robert N. *The Golden Holocaust.* The Cigarette Catastrophe and the Case for Abolition. Oakland: University of California Press, 2012.

RABIN-HAVT, Ari & Media Matters. *Lies Incorporated.* The World of Post-Truth Politics. Palatine (IL): Anchor, 2016.

WASHINGTON, Haydn & COOK, John. *Climate Change Denial.* Heads in the Sand: Milton Park (UK): Routledge, 2013

RELATÓRIOS

O Manual da Desmistificação, 2020
LEWANDOWSKY, S. et al. (2020). *The Debunking Handbook 2020.* Disponível em https://sks.to/db2020. DOI:10.17910/b7.1182
https://www.climatechangecommunication.org/wp-content/uploads/2021/01/DebunkingHandbook2020-Portuguese.pdf

The State of the World's Forests 2020
Forests, Biodiversity and People.
The State of the World series. Rome. FAO and UNEP, 2020.
https://www.fao.org/3/ca8642en/ca8642en.pdf

Climate Change in the American Mind, September 2021
LEISEROWITZ, A. *et al.* Yale University and George Mason University. New Haven, CT: Yale Program on Climate Change Communication.
https://climatecommunication.yale.edu/publications/climate-change-in-the-american-mind-september-2021/

ARTIGOS CIENTÍFICOS

FRASER, N. *et al.* (2021) "The evolving role of preprints in the dissemination of Covid-19 research and their impact on the science communication landscape". PLoS Biol 19(4): e3000959. https://doi.org/10.1371/journal.pbio.3000959

HANSSON, Sven O., "Science denial as a form of pseudoscience". *Studies in History and Philosophy of Science, Part A*, vol. 63, 2017, pp. 39-47, ISSN 0039-3681,https://doi.org/10.1016/j.shpsa.2017.05.002.

KAHAN, Dan M.; PETERS, Ellen; DAWSON, Erica & SLOVIC, Paul, "Motivated Numeracy and Enlightened Self-Government" (September 3, 2013). *Behavioural Public Policy*, 1, 54-86, Yale Law School, Public Law Working Paper No. 307 SSRN. https://ssrn.com/abstract=2319992 ou http://dx.doi.org/10.2139/ssrn.2319992

LAUDAN, L. (1983) "The Demise of the Demarcation Problem". In: Cohen R.S., Laudan L. (ed.) *Physics, Philosophy and Psychoanalysis*. Boston Studies in the Philosophy of Science series, vol 76. Springer, Dordrecht. https://doi.org/10.1007/978-94-009-7055-7_6

LYNAS, Mark et al., "Greater than 99% consensus on human caused climate change in the peer-reviewed scientific literature". *Environmental Research Letters*, vol 16, number 11, 2021. https://iopscience.iop.org/article/10.1088/1748-9326/ac2966

MACEDO, Marcia N. et al. "Decoupling of deforestation and soy production in the southern Amazon during the late 2000s". *Proceedings of the National Academy of Sciences*. Jan 2012, 109 (4) 1341-1346; doi: 10.1073/pnas.1111374109

MOOLGAVKAR, S. H. et al. "Impact of reduced tobacco smoking on lung cancer mortality in the United States during 1975-2000". *J Natl Cancer Inst.* 2012 Apr 4;104(7):541-8. doi: 10.1093/jnci/djs136. 2012 Mar 14. PMID: 22423009; PMCID: PMC3317881.

PROCTOR, R. "Tobacco and the global lung cancer epidemic". *Nature Reviews Cancer* 1, pp. 82-86 (2001). https://doi.org/10.1038/35094091

RAJÃO, Raoni et al. "The risk of fake controversies for Brazilian environmental policies", *Biological Conservation,* 2022, vol. 26, p. 109447, ISSN 0006-3207, https://doi.org/10.1016/j.biocon.2021.109447

FILMES

A Terra é plana

2018, EUA, direção: Daniel J. Clark. Netflix

Um olhar sobre os terraplanistas, crescente grupo de pessoas que acredita na teoria da conspiração de que a Terra, na verdade, é plana. Com a chegada de um eclipse solar, um dos mais proeminentes líderes do movimento, Mark Sargent, discursa na primeira convenção terraplanista.

Não olhe para cima

2021, EUA, direção: Adam McKay, Netflix

Os astrônomos Randall Mindy e Kate Dibiasky fazem uma descoberta surpreendente: um cometa orbitando dentro do sistema solar que está em rota de colisão com a Terra. Com a ajuda do doutor Oglethorpe, Kate e Randall embarcam em um *tour* pela mídia que os leva ao escritório da presidente dos EUA, Orlean, e de seu filho, Jason. Assim, mais do que dar a notícia da colisão fatídica, já que ninguém quer acreditar neles ou muito menos dar notícias tristes para o mundo, os dois astrônomos serão assediados pela mídia e também pelos governantes, a fim de minimizar o evento. Um retrato de uma realidade e de um futuro extremamente próximo.

Negação

2016, EUA/RU, direção: Mick Jackson

Deborah E. Lipstadt é uma conceituada pesquisadora que, em seu livro, ataca veementemente o historiador David Irving, defensor de que o Holocausto não existiu e é uma invenção dos judeus para lucrar. Julgando-se prejudicado pelo que foi publicado, Irving entra com um processo por difamação contra Deborah. Só que, pelas leis britânicas, em casos do tipo, é a ré quem precisa provar a veracidade da acusação. Logo ela se vê em uma disputa judicial que, mais do que envolver dois estudiosos de história, pode colocar em dúvida a morte de milhares de judeus durante a Segunda Guerra Mundial.

Sobre o autor

Sou jornalista e trabalho com a cobertura de temas científicos, principalmente para veículos *online*, desde o século passado. Meu envolvimento com os universos da ciência e da internet me fez perceber os vários modos como os fatos podem ser distorcidos. E, ao mesmo tempo, me levou a notar que muitas das técnicas normalmente usadas por jornalistas, mesmo com boa-fé e de forma correta, podem acabar servindo mais à desinformação do que ao esclarecimento do público.

Sou autor de obras de divulgação científica, tais como *Livro dos milagres* (Unesp, 2021), *Livro da astrologia* (Amazon KDP, 2015), *Pura picaretagem* (Leya, 2013), em coautoria com o físico Daniel Bezerra; além de *Ciência no cotidiano* (Contexto, 2020) e *Contra a realidade* (Papirus 7 Mares, 2021), estes dois em parceria com a microbiologista Natalia Pasternak. Também escrevo ficção, principalmente ficção científica, terror e mistério. Fui ganhador do Prêmio Argos de melhor conto brasileiro de ficção científica duas vezes, em 2013 e 2015.

Twitter: @carlosom71
Instagram: @carlos.orsi.m
Site: Instituto Questão de Ciência (iqc.org.br)

COLEÇÃO
INQUIETAÇÕES CONTEMPORÂNEAS

Idealização da coleção
Helena Maria Alves

Direção editorial
Mirian Paglia Costa

Coordenação editorial
Maria Ângela Silveira de Souza

Direção da coleção
Diego Pautasso

Coordenação da coleção
Caio Riter

Preparação, Revisão & Notas
Pagliacosta Editorial

Revisão técnica
Edson Antoni

Projeto gráfico, capa e diagramação
Juliana Dischke

Impresso no Brasil
Printed in Brazil

Formato – 12 X 18 cm
Mancha – 7,9 X 14,9 cm
Tipologia – Britannic e Minion
Páginas – 112